致以此书献给

隆宝自然保护区建区 40 周年

青海隆宝国家级自然保护区自然观察手册

土登拉永　朵海瑞　主编

中国林业出版社
China Forestry Publishing House

图书在版编目（CIP）数据

青海隆宝国家级自然保护区自然观察手册 / 土登拉永, 朵海瑞主编. -- 北京：中国林业出版社, 2024.7.
ISBN 978-7-5219-2823-5

Ⅰ. S759.992.44-62
中国国家版本馆CIP数据核字第20247R8R74号

策划编辑：肖静
责任编辑：肖静　刘煜
装帧设计：北京八度出版服务机构

出版发行：中国林业出版社
　　　　（100009，北京市西城区刘海胡同7号，电话83143577）
电子邮箱：cfphzbs@163.com
网　址：http://www.cfph.net
印　刷：河北京平诚乾印刷有限公司
版　次：2024年7月第1版
印　次：2024年7月第1次
开　本：710mm×1000mm　1/32
印　张：10.75
字　数：230千字
定　价：88.00元

《青海隆宝国家级自然保护区自然观察手册》编辑委员会

主　　　　任：马　瑞

委　　　　员：土登拉永　马建海　宋维菊　张毓　松玛
　　　　　　　杨明孝　宋晓英　马春艳　肖锋　贾顺斌

主　　　　编：土登拉永　朵海瑞

副　主　　编：巴桑才仁　杨　芳

动物组编写人员：杨　芳　季海川　祁有琛
　　　　　　　　索南卓尕　吴叶拉加　扎巴江才

植物组编写人员：乔邦梅　李长珍　卓玛永吉　丁　燕
　　　　　　　　马元杰　陆阿飞　角沙成林曲措
　　　　　　　　索昂折尕　桑周卓玛　桑丁松毛

调 查 人 员：魏婷婷　魏佳楠　李怀连　陆蕊娥　朵文凯
　　　　　　　马宏义　普　布　江永坚赞　更却才加　索南斑久
　　　　　　　张　凯　索昂才藏

组织编写单位：玉树藏族自治州隆宝国家级自然保护区管理站
　　　　　　　青海师范大学地理科学学院
　　　　　　　青海多美生态环保科技有限公司

前　言

在"世界屋脊"青藏高原东部，长江源头的通天河畔，有一片美丽的高原湖泊，当地的藏族人称其为隆宝。隆宝位于玉树藏族自治州玉树市隆宝镇境内，是一处长约10千米、宽约3千米的狭长的草甸型谷地，海拔4200米。这里雨量充沛，溪流纵横，沼泽遍地，水草丰美，许多软体和两栖爬行动物生活在沼泽和水草中，为鸟类的栖息繁衍创造了良好的自然条件。独特的地理环境和植被条件使隆宝成为世界珍禽黑颈鹤繁殖和生存最集中的地方之一。

目前，地球上生存的15种鹤中，黑颈鹤因生存于人烟稀少的高原，是世界上所有鹤中最晚被科学界发现和记录的种类。它在青藏高原及其邻近地区海拔3500~4500米的高原沼泽繁殖，在青藏高原南部和云贵高原2500~3500米的高原或山区越冬，是典型的候鸟，每年3月离开越冬地，集群北上，飞抵青藏高原的草甸、沼泽地带，4月下旬开始繁殖。每对黑颈鹤每年窝卵数只有2枚，有时只产1枚，幼雏的死亡率又很高，加之在越冬地由于传统种植结构的改变，黑颈鹤的食物减少等因素影响，黑颈鹤种群的数量得不到发展。野生黑颈鹤种群数量曾经很稀少，在20世纪70年代时地球上只有5000多只，是世界罕见的珍禽，被列入2012年《世界自然保护联盟濒危物种红色名录》和1997年《濒危野生动植物种国际贸易公约》（CITES）。而我国早在1989年就将黑颈鹤列为国家一级保护野生动物，与大熊猫、金丝猴并称为中国动物界的三大"国宝"。

为了保护好栖息在隆宝的黑颈鹤，1984年8月经青海省人民政府批准建立了隆宝省级自然保护区，保护对象为黑颈鹤等水禽及栖息地，面积10000公顷；1986年，经国务院批准，隆宝省级自然保护区晋升为国家级；2023年，隆宝滩湿地列入国际重要湿地，其范围与整合优化后的自然保护区基本一致，面积为9529公顷。

1988年，隆宝国家级自然保护区管理站（以下简称管理站）成立，负责保护区的规范化管理。建立保护区后，管理站组织人员开展日常巡查，并把帐篷扎在野生动物集中栖息繁殖地附近，进行彻夜守护，防止人、狼、赤狐、野狗等对水禽蛋、幼雏的危害，使鸟儿栖息环境得到保护，在不懈努力下，黑颈鹤的数量以平均每年5只的速度在增加。40年过去了，黑颈鹤的数量由自然保护区初建时每年的22只，到如今多年维持在150只左右，最多年份时达到216只。近年来，隆宝国家级自然保护区管理站以党的"二十大"精神为指针，认真践行习近平生态文明思想，牢记习近平总书记"绿水青山就是金山银山"的重要指示和对玉树工作"两个越来越好"的期望与祝福，扎实推进以国家公园为主体的自然保护地体系建设，全面提升生物多样性保护水平，建设天更蓝、山更绿、水更清、关系更融洽的"和谐隆宝、生态隆宝、富裕隆宝"。

目前，保护区已搭建100平方米的观鸟屋、350平方米的宣教中心和160平方米的监管指挥与信息中心，初步形成了以自然保护区管理站为中心的巡护监管、科普宣教及智慧大数据管理平台为一体的管理体系，切实增强了管理站的生态保护及科普宣传职能。2019年，管理站联合青海师范大学研究团队在隆宝滩设立了首批长江源头高寒湿地生态系统与保育监测站，共同制定《隆宝滩湿地生态监测方案》，设置4条鸟类监测样线（32个点）、25个植被监测样地和10条两栖样线，并开展持续监测；搭建了基本覆盖保护区的栖息地、水文、土壤和气象自动监测系统，科研监测水平显著提高；搭建了自然生态科普宣教馆，通过"高度4200米的保护区""高原上的生命乐土""隆宝的守护""黑颈鹤主题展馆""CAVE影音室"等5个展区，多元化展示保护区丰富的生物多样性和独特的湿地景观。同时，制作了宣传片、保护区区徽，创作了《黑颈鹤》主题歌，保护区成为"中国生态学学会生态科普教育基地""青海省环境教育基地"和"青海国家公园示范省自然教育基地"。

在多方共同努力下，隆宝国家级自然保护区保护管理工作逐步走上规范化、制度化轨道，人与自然和谐共处，生态环境持续向好。这里已成为青藏高原践行人与自然和谐共生的典范和展示中国湿地保护的重要窗口。

隆宝位于全球候鸟迁徙路线中的中亚—印度迁徙路线上。这条迁徙路线覆盖了一个穿越多种地理环境和艰难地形的广袤区域，鸟儿们必须穿越青藏高原等高海拔地带，翻越世界屋脊——喜马拉雅山脉。候鸟们利用这一路线季节性地从繁殖地迁移到越冬地，春季再沿原路线返回繁殖地。隆宝是青藏高原水鸟的主要繁殖地和停歇地，有黑颈鹤、斑头雁、赤麻鸭、白眼潜鸭、凤头䴙䴘、红脚鹬、普通燕鸥等水鸟在此筑巢繁殖，斑头雁的种群数量达到上万只，并且是繁殖黑颈鹤种群密度最高的地区之一。良好的生态环境给候鸟们提供了充足的食物和栖息环境，为候鸟们顺利迁徙奠定了良好的基础。

经过40年几代人的守望，隆宝自然保护区的水鸟栖息生境持续改善，隆宝湿地食物资源不断丰富，生物多样性得到全面发展。保护区共记录野生脊椎动物24目51科167种，其中，鸟类由初建时的14目28科61种增加到18目40科150种，哺乳动物4目7科11种，两栖动物1目2科3种，鱼类1目2科3种；国家一级保护野生动物11种，分别为黑颈鹤、黑鹳、胡兀鹫、白尾海雕等，国家二级保护野生动物26种，分别为藏雪鸡、灰鹤、鹗嘴鹬、高山兀鹫、白尾鹞、藏狐、赤狐、狼和藏原羚等。维管束植物282种，隶属48科158属，其中，国家二级保护野生植物4种，为羽叶点地梅、唐古红景天、水母雪兔子、梭砂贝母；中国特有种85种，为山生柳、三角叶荨麻、小大黄、丽江大黄、甘肃雪灵芝等。

本手册共收录哺乳类12种，隶属4目7科；两栖类3种，隶属1目3科；鸟类112种，隶属16目37科；植物183种，隶属40科115属。每一物种的描述包括中文名、学名、英文名、科属、形态特征等内容。希望本书的出版发行能为隆宝滩及周边地区生物多样性监测、研究和自然教育提供参考。

本书由青海隆宝国家级自然保护区管理站总体策划。2018年以来，青海师范大学地理科学学院、青海多美生态环保科技有限公司的团队在隆宝自然保护区开展了持续的动植物调查及监测工作，拍摄了本手册所有的物种照片。动植物调查及监测工作得到了国家级自然保护区能力建设及湿地保护与恢复项目的支持。在本书的编著过程中，青海省内的有关专家、领导以及省外专家给予了大力支持和帮助，在此一并表示诚挚的谢意！

因编者水平有限，难免有许多漏误之处，敬请读者批评指正。

编辑委员会

2024年5月

编写说明

本书共收录动物21目47科127种,植物40科115属183种。动物部分每个目下主要介绍了各物种的中文名、学名、英文名、所属目科、识别特征、习性、保护现状(鸟类还介绍了其鸣叫声)。植物部分在每个科下主要介绍了各物种的中文名、学名、所属科属、识别特征、生境分布、用途。

书中受威胁程度均指出《世界自然保护联盟濒危物种红色名录》中的受威胁等级(表1)。

表1 《世界自然保护联盟濒危物种红色名录》受威胁等级

缩写	全称	受威胁等级
EX	Extinct	灭绝
EW	Extinct in the Wild	野外灭绝
CR	Critically Endangered	极危
EN	Endangered	濒危
VU	Vulnerable	易危
NT	Near Threatened	近危
LC	Least Concern	无危
DD	Data Deficient	缺乏数据
NR	Not Recognised as a Species	未认可
NE	Not Evaluated	未评估

书中常见动植物名称生僻字或词有:麃(biāo)、糙(cāo)、荨(qián)、萸(yú)、薜荔(xī mì)、缬(xié)、橐(tuó)、檀(tán)、茛(gèn)、尤(jiāo)、藜(lí)、牻(máng)、苜蓿(mù xu)、荠(jì)、蓼(liǎo)、蔺(lìn)、鞘(qiào)、䲟(chéng)、鹑(chún)、䴔(dōng)、鹳(guàn)、鸻(héng)、鹮(huán)、鹡鸰(jí líng)、鹡(jí)、鹣(jiān)、鸠(jiū)、鵟(kuáng)、椋(liáng)、鹨(liù)、鸬鹚(lú cí)、鹭(lù)、䴙䴘(pì tī)、鸲(qú)、隼(sǔn)、鹈(tí)、鹀(wú)、兀鹫(wù jiù)、犀(xī)、鸮(xiāo)、鹬(yù)、鸢(yuān)、鼬(yòu)、獾(huān)。

目 录

 动物

啮齿目
松鼠科
　喜马拉雅旱獭　002
兔形目
鼠兔科
　高原鼠兔　003
　川西鼠兔　004
兔科
　灰尾兔　005
食肉目
犬科
　狼　006
　藏狐　007
　赤狐　008
鼬科
　欧亚水獭　009
　香鼬　010
偶蹄目
鹿科
　白唇鹿　011
牛科
　藏原羚　012
　岩羊　013
无尾目
角蟾科
　西藏齿突蟾　014

蛙科
　高原林蛙　015
叉舌蛙科
　倭蛙　016
鸡形目
雉科
　藏雪鸡　017
　高原山鹑　018
雁形目
鸭科
　斑头雁　019
　翘鼻麻鸭　020
　赤麻鸭　021
　赤膀鸭　022
　赤颈鸭　023
　绿头鸭　024
　针尾鸭　025
　绿翅鸭　026
　琵嘴鸭　027
　赤嘴潜鸭　028
　红头潜鸭　029
　白眼潜鸭　030
　凤头潜鸭　031
　鹊鸭　032
　普通秋沙鸭　033

䴙䴘目
䴙䴘科
　凤头䴙䴘　**034**
　黑颈䴙䴘　**035**
鸽形目
鸠鸽科
　岩鸽　036
　灰斑鸠　037
鹃形目
杜鹃科
　大杜鹃　038
鹤形目
秧鸡科
　白骨顶　039
鹤科
　灰鹤　040
　黑颈鹤　041
鸻形目
鹮嘴鹬科
　鹮嘴鹬　042
反嘴鹬科
　反嘴鹬　043
鸻科
　凤头麦鸡　044
　金鸻　045
　金眶鸻　046

环颈鸻	047	**鹰形目**		红嘴山鸦	086	
蒙古沙鸻	048	鹰科		渡鸦	087	
鹬科		胡兀鹫	069	山雀科		
扇尾沙锥	049	高山兀鹫	070	白眉山雀	088	
黑尾塍鹬	050	草原雕	071	地山雀	089	
白腰杓鹬	051	金雕	072	大山雀	090	
红脚鹬	052	白尾鹞	073	百灵科		
青脚鹬	053	黑鸢	074	长嘴百灵	091	
白腰草鹬	054	大鵟	075	亚洲短趾百灵	092	
林鹬	055	**鸮形目**		小云雀	093	
矶鹬	056	鸱鸮科		角百灵	094	
青脚滨鹬	057	雕鸮	076	燕科		
鸥科		纵纹腹小鸮	077	淡色沙燕	095	
棕头鸥	058	**犀鸟目**		岩燕	096	
红嘴鸥	059	戴胜科		烟腹毛脚燕	097	
渔鸥	060	戴胜	078	柳莺科		
普通燕鸥	061	**佛法僧目**		林柳莺	098	
鹳形目		翠鸟科		黄腹柳莺	099	
鹳科		普通翠鸟	079	长尾山雀科		
黑鹳	062	**隼形目**		花彩雀莺	100	
鲣鸟目		隼科		䴓科		
鸬鹚科		红隼	080	红翅旋壁雀	101	
普通鸬鹚	063	燕隼	081	河乌科		
鹈形目		猎隼	082	河乌	102	
鹭科		**雀形目**		椋鸟科		
池鹭	064	伯劳科		灰椋鸟	103	
牛背鹭	065	灰背伯劳	083	紫翅椋鸟	104	
苍鹭	066	青藏楔尾伯劳	084	鸫科		
大白鹭	067	鸦科		棕背黑头鸫	105	
白鹭	068	喜鹊	085	赤颈鸫	106	

鸫科		雀科		燕雀科	
赭红尾鸲	107	麻雀	115	林岭雀	123
黑喉红尾鸲	108	石雀	116	高山岭雀	124
北红尾鸲	109	藏雪雀	117	拟大朱雀	125
红腹红尾鸲	110	褐翅雪雀	118	大朱雀	126
白顶溪鸲	111	白腰雪雀	119	黄嘴朱顶雀	127
黑喉石䳭	112	棕颈雪雀	120	鹀科	
岩鹨科		鹡鸰科		灰眉岩鹀	128
鸲岩鹨	113	黄头鹡鸰	121		
褐岩鹨	114	白鹡鸰	122		

植物

杨柳科		酸模属		繁缕属	
柳属		皱叶酸模	139	繁缕	147
山生柳	130	蓼蓄属		蝇子草属	
荨麻科		蓼蓄	140	腺毛蝇子草	148
荨麻属		拳参属		细蝇子草	149
高原荨麻	131	珠芽蓼	141	白花丹科	
三角叶荨麻	132	圆穗蓼	142	鸡娃草属	
蓼科		苋科		鸡娃草	150
冰岛蓼属		轴藜属		豆科	
冰岛蓼	133	平卧轴藜	143	野决明属	
西伯利亚蓼属		小果滨藜属		披针叶野决明	151
西伯利亚蓼	134	小果滨藜	144	黄芪属	
细叶西伯利亚蓼	135	藜属		多枝黄芪	152
大黄属		藜	145	斜茎黄芪	153
小大黄	136	石竹科		高山豆属	
穗序大黄	137	老牛筋属		高山豆	154
卵果大黄	138	甘肃雪灵芝	146		

目录

棘豆属
- 黄花棘豆　155
- 镰荚棘豆　156

岩黄芪属
- 锡金岩黄芪　157

牻牛儿苗科

老鹳草属
- 甘青老鹳草　158

大戟科

大戟属
- 青藏大戟　159
- 甘青大戟　160

堇菜科

堇菜属
- 双花堇菜　161
- 西藏堇菜　162

梅花草科

梅花草属
- 三脉梅花草　163

柳叶菜科

柳叶菜属
- 沼生柳叶菜　164

小二仙草科

狐尾藻属
- 穗状狐尾藻　165

伞形科

大瓣芹属
- 裂叶大瓣芹　166

滇藁本属
- 瘤果滇藁本　167

葛缕子属
- 葛缕子　168

报春花科

珍珠菜属
- 海乳草　169

羽叶点地梅属
- 羽叶点地梅　170

点地梅属
- 小点地梅　171
- 垫状点地梅　172
- 高原点地梅　173

报春花属
- 狭萼报春　174
- 苞芽粉报春　175
- 天山报春　176
- 束花报春　177

毛茛科

驴蹄草属
- 花葶驴蹄草　178

金莲花属
- 矮金莲花　179

乌头属
- 铁棒锤　180

露蕊乌头属
- 露蕊乌头　181

翠雀属
- 密花翠雀花　182
- 白蓝翠雀花　183
- 蓝翠雀花　184

拟耧斗菜属
- 拟耧斗菜　185

银莲花属
- 疏齿银莲花　186
- 叠裂银莲花　187

侧金盏花属
- 蓝侧金盏花　188

毛茛属
- 高原毛茛　189
- 云生毛茛　190
- 水毛茛　191

鸦跖花属
- 鸦跖花　192

罂粟科

绿绒蒿属
- 多刺绿绒蒿　193
- 刺瓣绿绒蒿　194

角茴香属
- 细果角茴香　195

紫堇属
- 叠裂黄堇　196
- 斑花黄堇　197
- 糙果紫堇　198

十字花科

独行菜属
- 头花独行菜　199
- 独行菜　200

葶苈属
- 葶苈　201

荠属	鸡冠茶 216	肋柱花属
荠 202	**金露梅属**	肋柱花 235
芹叶荠属	金露梅 217	**茄科**
藏荠 203	**蕨麻属**	**山莨菪属**
碎米荠属	蕨麻 218	山莨菪 236
紫花碎米荠 204	**委陵菜属**	**马尿脬属**
花旗杆属	钉柱委陵菜 219	马尿脬 237
腺异蕊芥 205	多裂委陵菜 220	**茄参属**
糖芥属	**瑞香科**	茄参 238
红紫桂竹香 206	**狼毒属**	**紫草科**
大蒜芥属	狼毒 221	**糙草属**
垂果大蒜芥 207	**龙胆科**	糙草 239
肉叶荠属	**龙胆属**	**锚刺果属**
蚓果芥 208	麻花艽 222	锚刺果 240
播娘蒿属	短柄龙胆 223	**微孔草属**
播娘蒿 209	线叶龙胆 224	西藏微孔草 241
景天科	青藏龙胆 225	微孔草 242
红景天属	鳞叶龙胆 226	**唇形科**
唐古红景天 210	针叶龙胆 227	**筋骨草属**
景天属	刺芒龙胆 228	白苞筋骨草 243
隐匿景天 211	蓝白龙胆 229	**香薷属**
虎耳草科	**扁蕾属**	密花香薷 244
虎耳草属	湿生扁蕾 230	**鼠尾草属**
玉树虎耳草 212	**喉毛花属**	黏毛鼠尾草 245
山地虎耳草 213	喉毛花 231	**青兰属**
蔷薇科	镰萼喉毛花 232	白花枝子花 246
绣线菊属	**假龙胆属**	**荆芥属**
高山绣线菊 214	黑边假龙胆 233	蓝花荆芥 247
毛莓草属	紫红假龙胆 234	**糙苏属**
毛莓草 215		独一味 248

野芝麻属

  宝盖草 249

通泉草科

肉果草属

  肉果草 250

车前科

杉叶藻属

  杉叶藻 251

水马齿属

  水马齿 252

兔耳草属

  短穗兔耳草 253

车前属

  平车前 254

玄参科

藏玄参属

  藏玄参 255

列当科

马先蒿属

  毛颏马先蒿 256
  轮叶马先蒿 257
  甘肃马先蒿 258
  碎米蕨叶马先蒿 259
  紫斑碎米蕨叶马先蒿 260
  阿拉善马先蒿 261
  琴盔马先蒿 262
  团花马先蒿 263
  华马先蒿 264
  青藏马先蒿 265
  管状长花马先蒿 266

紫葳科

角蒿属

  密生波罗花 267

狸藻科

狸藻属

  狸藻 268

忍冬科

忍冬属

  岩生忍冬 269
  矮生忍冬 270

刺参属

  青海刺参 271

桔梗科

沙参属

  喜马拉雅沙参 272

菊科

紫菀属

  阿尔泰狗娃花 273
  萎软紫菀 274
  云南紫菀 275
  重冠紫菀 276

火绒草属

  长叶火绒草 277
  弱小火绒草 278

香青属

  铃铃香青 279
  乳白香青 280

菊蒿属

  川西小黄菊 281

亚菊属

  细裂亚菊 282

蒿属

  臭蒿 283
  黄花蒿 284

狗舌草属

  橙舌狗舌草 285

千里光属

  天山千里光 286

橐吾属

  黄帚橐吾 287

垂头菊属

  褐毛垂头菊 288

蓟属

  藏蓟 289
  葵花大蓟 290

风毛菊属

  钝苞雪莲 291
  红柄雪莲 292
  星状雪兔子 293
  异色风毛菊 294
  美丽风毛菊 295
  重齿风毛菊 296
  狮牙草状风毛菊 297

蒲公英属

  深裂蒲公英 298

绢毛苣属

  空桶参 299

黄鹌菜属

  无茎黄鹌菜 300

水麦冬科

水麦冬属

    水麦冬 301

    海韭菜 302

眼子菜科

篦齿眼子菜属

    篦齿眼子菜 303

灯芯草科

灯芯草属

    展苞灯芯草 304

石蒜科

葱属

    太白山葱 305

    天蓝韭 306

    镰叶韭 307

    青甘韭 308

鸢尾科

鸢尾属

    卷鞘鸢尾 309

    蓝花卷鞘鸢尾 310

    大锐果鸢尾 311

    天山鸢尾 312

参考文献 313

中文名索引 314

学名索引 320

FAUNA

动物

喜马拉雅旱獭 *Marmota himalayana*

— Himalayan Marmot

啮齿目　RODENTIA
松鼠科　Sciuridae

【特征】体长45～67厘米。大型地栖穴居啮齿动物,耳壳短小,颈部粗短,体形矮胖。背毛棕黄褐色,具黑色细斑纹。四肢短而粗,前爪发达,适于掘土。尾极短,端部黑褐色。

【习性】栖息于保护区及周边高海拔的高山草甸地带。主要活动于山坳、斜坡及谷底。群居,洞居,地栖,有冬眠习性,白昼活动。主食植物茎叶,偶尔食小型动物。

【保护现状】LC(IUCN)。

动物　FAUNA

高原鼠兔　　Ochotona curzoniae　　LC

— Plateau Pika

兔形目　LAGOMORPHA
鼠兔科　Ochotonidae

【特征】体长14～19厘米。鼻端浅黑色，延伸至唇周。足底多毛。夏季，背毛沙棕色或深褐色，腹毛沙黄色或浅灰白色，耳背铁锈色，耳缘白色。冬季，背毛色淡，沙黄色或米黄色，且柔软、长。

【习性】栖息于保护区及周边高海拔且开阔的高山草甸、草甸草原或荒漠草原。高度社会性，家庭洞系领域地界明显、受保卫，群居生活，昼间活动，冬季死亡率较高。典型草食性动物，在草原上以青草为食，主要以禾本科及豆科植物为食，夏末贮草过冬。

【保护现状】LC（IUCN）。

川西鼠兔 Ochotona gloveri LC

— Glover's Pika

兔形目　LAGOMORPHA

鼠兔科　Ochotonidae

【特征】体毛16～22厘米。夏季被毛茶棕色、浅灰棕色、浅灰黄褐色或被毛浅灰棕色，头从吻到额部呈橙色或淡棕色，腹面和足上部灰白色、暗灰色或白色，耳大，毛稀，亮栗色、橙棕色或橙色。冬季毛皮类似夏毛，但稍淡。

【习性】栖息于保护区及周边高海拔的高寒草甸、草原等地带的山岩、岩石堆、悬崖、流石滩等缝隙中。胆小，独居，昼夜活动。主要以各种植物为食，具有贮藏干草堆的习性。

【保护现状】LC（IUCN）；中国特有种。

灰尾兔 *Lepus oiostolus* LC

— Woolly Hare

兔形目 LAGOMORPHA
兔　科 Leporidae

【特征】体长48~58厘米。一种矮壮野兔。眼周有浅白色眼圈，毛皮粗密而柔软，毛尖多弯曲，以致背毛呈波浪状且卷曲。耳朵大，耳尖黑色，背毛沙黄色、亮淡棕色、暗黄棕色和茶棕色。臀部有一大块银灰色、暗灰色、铅灰色或浅棕色色斑，尾背暗灰色，尾缘及尾腹纯白色。

【习性】栖息于保护区及周边高海拔的高寒草原、高山草甸、灌丛草甸等地带。胆小，独居，但在交配季节也可见集小群觅食，雄性行为活跃，常见相互追逐、打斗，昼夜活动。主要以各种植物为食。

【保护现状】LC（IUCN）。

狼 *Canis lupus* LC

— Gray Wolf

食肉目 CARNIVORA

犬　科 Canidae

【特征】体长100～160厘米。犬科中体形最大。体瘦，足和吻部长，耳直立。颜色通常为灰黄色、棕灰色或暗灰色，但体色变化较大。尾多毛，较发达，挺直状下垂夹于两后腿之间。

【习性】栖息于保护区及周边草原、山地丘陵，分布范围广，适应性强。社会性动物，具严格的等级制度，通过气味、抓痕和吼叫标记领地。机警，善奔跑，善游泳，耐力强。食肉动物，主要以鹿、羚羊、兔为食，耐饥饿。

【保护现状】LC（IUCN）；国家二级保护野生动物。

藏狐 *Vulpes ferrilata*

— Tibetan Fox

食肉目　CARNIVORA
犬　科　Canidae

【特征】体长49～65厘米，体形矮壮。头大且方，耳后茶色，吻部显著狭长，吻、头冠、颈部、背上及小腿黄褐色至棕色，脸颊侧面、大腿及臀部灰色且具有厚而密实的毛被，冬季较夏季深厚，背部黄褐色至灰褐色，腹部白色，尾巴蓬松，尾尖白色而其余灰色。

【习性】栖息于保护区及周边高山草甸、草原和草灌交界处，洞穴见于大岩石基部、老河岸线、低坡等。日行性，但夜间也有记录，独居。主要以鼠兔、啮齿类为食。

【保护现状】LC（IUCN）；国家二级保护野生动物。

赤狐 *Vulpes vulpes*

— Red Fox

食肉目 CARNIVORA

犬　科 Canidae

【特征】体长50～80厘米。体形最大的狐狸。腿长而细。不同地区、不同季节毛色差异较大，通常背部毛色棕红，体侧淡黄色，腹部白色，尾尖白色。

【习性】栖息于保护区及周边各种类型的环境中。日间和夜间均活动，但夜间和晨昏更为活跃。以兔类、鼠类等小型地栖哺乳动物为食，会贮存剩余食物。

【保护现状】LC（IUCN）；国家二级保护野生动物。

动物 FAUNA

欧亚水獭 *Lutra lutra*

— Eurasian Otter

食肉目　CARNIVORA
鼬　科　Mustelidae

【特征】体长49～84厘米。头部扁而略宽。身体细长，体被浓密而厚实的浅褐色毛，有油亮光泽，颈部和腹部毛色较亮，呈浅棕色。四肢短而圆，尾呈锥形，厚实。

【习性】栖息于保护区及周边河流、湖泊和山区溪水中，穴居，白天隐于洞内，黄昏后外出活动。多独栖。肉食性，主要以鱼类为食，偶尔捕食雀形目、雁鸭类动物。

【保护现状】NT（IUCN）；国家二级保护野生动物。

香鼬 *Mustela altaica* NT

— Altai Weasel

食肉目 CARNIVORA

鼬　科 Mustelidae

【特征】体长22~28厘米。头部淡灰褐色，唇、颏和足白色，背部黄褐色或棕黄色，腹部淡黄色或橘黄色。毛较短，尾不蓬松。

【习性】栖息于保护区及周边高山草甸、多岩石的斜坡，筑巢于岩石缝隙、树根或鼠洞。夜间或晨昏活动。善于爬树和游泳。主要以鼠类为食，也吃各类小型脊椎动物。

【保护现状】NT（IUCN）。

动物 FAUNA

偶蹄目

白唇鹿 *Przewalskium albirostris*

White-lipped Deer

偶蹄目　ARTIODACTYLA
鹿　科　Cervidae

【特征】体长155～210厘米。头部略呈等腰三角形，耳朵长而尖。纯白色下唇，白色延续到喉上部和吻的两侧，颈部很长，从头顶至背部有一深色脊线，腹面更显奶油色，臀部有淡黄色的斑块。体毛较长而粗硬，具有中空的髓心，保暖性能好，能够抵抗风雪。尾巴是大型鹿类中最短的。

【习性】栖息于保护区及周边河谷、高寒草甸、灌丛等。群居，春、夏季节雌雄分群，秋、冬集群。主要食草本植物，特别是早熟禾、薹草、珠芽蓼、黄芪等，也吃山柳等树木的嫩芽、叶、嫩枝和树皮。主要在晨昏时觅食，也有舔食盐分的习惯，尤其是春季和夏季。

【保护现状】VU（IUCN）；国家一级保护野生动物；中国特有种。

藏原羚 *Procapra picticaudata*

— Tibetan Gazelle

偶蹄目 ARTIODACTYLA
牛 科 Bovidae

【特征】体长91～105厘米。体形比普氏原羚瘦小,仅雄性具角,角细而略侧扁。耳朵狭而尖小。四肢纤细,蹄窄。被毛浓而硬直,脸、颈和体背部呈土褐色或灰褐色,臀部具一嵌黄棕色边缘的白斑,其背部暗棕色,腹面、四肢内侧及尾下部灰白色。

【习性】典型的高山寒漠动物,栖息于保护区及周边平坦而开阔的高山草甸、亚高山草原草甸及高山荒漠地带,特别喜欢草本植物生长较茂盛和水源充足的地方。主要以禾本科植物为食。

【保护现状】NT(IUCN);国家二级保护野生动物;中国特有种。

动物 FAUNA

偶蹄目

岩羊 > *Pseudois nayaur* LC

— Blue Sheep

偶蹄目 ARTIODACTYLA
牛　科 Bovidae

- 【特征】体长120～165厘米。雌性较小。冬毛厚而呈羊毛状，夏毛较短而稀薄。背部毛色灰褐色，具蓝灰色调，腹面和四肢内侧白色，四肢外侧有黑色条纹。尾宽扁，中央表面裸露。

- 【习性】栖息于保护区及周边高海拔的高寒草原草甸地带的裸岩、山谷间草地、灌丛等。晨昏活动，一般以几头到十余头为群。主要以禾本科草类、高山杂草和地衣为食。

- 【保护现状】LC（IUCN）；国家二级保护野生动物。

西藏齿突蟾 *Scutiger boulengeri*

— Xizang Alpine Toad

无尾目 ANURA

角蟾科 Megophryidae

【特征】雄性体长5～6厘米，雌性略大于雄性。头宽略大于头长。吻钝圆。一般两眼间有褐色三角形斑，雌性更为显著。背部橄榄绿色或橄榄褐色，背部有较多疣粒，疣粒呈规则圆形，其背两侧疣粒较大而密集，靠近背中线处较小而稀疏。腹面具成片疣粒。四肢较为细长，具横条纹。

【习性】生活于保护区及周边海拔4100～5100米的高山或高原的小山溪、泉水石滩地或湖边，成蟾以陆栖为主，仅繁殖期进入流溪内。捕食鞘翅目、鳞翅目、双翅目等昆虫及其幼虫。繁殖期多在6～8月。

【保护现状】LC（IUCN）；中国特有种。

高原林蛙　*Rana kukunoris*

— Plateau Brown Frog

无尾目　ANURA
蛙　科　Ranidae

【特征】雄性体长 5～6 厘米，雌性略大于雄性。头宽略大于头长。吻端钝圆，吻棱钝而明显。皮肤较粗糙，体背及体侧具分散的较大圆疣及少数长疣。背面灰褐色、棕褐色、棕红色或灰棕色。体侧散有红色点斑。股内外侧分别为黄绿色和肉红色。雄蛙腹面多为粉红色或黄白色，雌蛙腹面多为红棕色或橘红色。一些个体咽胸部散有灰色斑点。

【习性】多生活在保护区及周边海拔 4200 米的高原地区的各种水域及其附近的湿润环境中，以湖泊、水塘、水坑和沼泽等静水域及其附近的草地、灌丛为主要栖息地，河流、流溪和泉水沟等流溪水域的缓流处亦较常见，一般不远离水域。捕食昆虫、蜘蛛、蚯蚓等小动物。繁殖期多在 4 月上旬至 5 月下旬。

【保护现状】LC（IUCN）；中国特有种。

倭蛙 *Nanorana pleskei* LC

— Tibetan Frog

无 尾 目　ANURA

叉舌蛙科　Dicroglossidae

[特征] 体形较小，雄性2.8~3.0厘米，雌性略大于雄性。头宽略大于头长。瞳孔横椭圆形。鼓膜较小。无声囊。无背侧褶，皮肤粗糙，具长短不一疣粒。体色多变，常见绿色、灰褐色、黄褐色等。体背具深褐色大斑块。脊背中央多具1条浅色纵条纹。腹面淡黄色、无斑点。雄性胸部有1对细密刺团。四肢具深色条纹或斑点。

[习性] 生活于保护区及周边海拔4500米的高原沼泽地带的水坑、池塘、小山溪及其附近。多以鞘翅目和直翅目等昆虫及其幼虫为食。5月中旬至6月上旬为产卵盛期。

[保护现状] LC（IUCN）；中国特有种。

藏雪鸡 Tetraogallus tibetanus

— Tibetan Snowcock

鸡形目　GALLIFORMES
雉　科　Phasianidae

【特征】体长50～64厘米，雌雄相似。眼周裸皮红色，眼后白色。喉、耳羽污白色，颈黑灰色。上体黑褐色，胸有深色环带，下体污白色，具黑色长纵纹。虹膜深褐色；喙黄色；跗跖红色。

【习性】集小群活动，比较机警，在保护区及周边碎石带和高山草甸觅食。在岩石坡上行动敏捷，飞行多为自山上向下滑翔。多翻食野羊踏过的路径下的植物，啄食植物的球茎、块根、草叶和小动物等。每年4～5月间进入繁殖期，最早在6月初有雏鸟孵出。

【鸣声】一连串短促有力的"gu—gu—gu—gu—"声，繁殖期鸣声此起彼伏。

【保护现状】LC（IUCN）；国家二级保护野生动物。

高原山鹑 *Perdix hodgsoniae*

— Tibetan Partridge

鸡形目　GALLIFORMES
雉　科　Phasianidae

- 【特征】体长23～30厘米，雌雄相似。具醒目的白色眉纹和栗色颈圈，眼下脸侧有黑色斑点。上体密布黑色横纹，下体皮黄色，胸、上腹具黑色横纹，体侧具棕褐色横斑。虹膜红褐色；喙角质绿色；跗跖淡绿褐色。

- 【习性】栖息于保护区及周边高山灌丛和草地。善奔跑，行动灵活，偶尔也做快速飞行。主要以高山植物为食，也吃动物性食物。

- 【鸣声】嘈杂而粗哑的"gurr—gurr"声，有时会拖得比较长。

- 【保护现状】LC（IUCN）。

斑头雁 *Anser indicus*

Bar-headed Goose

雁形目 ANSERIFORMES

鸭　科 Anatidae

【特征】体长62~85厘米，雌雄相似。通体灰白色，头顶白色，头后有2道黑色条纹，喉部白色延伸至颈侧。头部黑色图案在幼鸟时为浅灰色。飞行中上体均为浅色。虹膜暗褐色；喙鹅黄色，端部黑；跗跖橙黄色。

【习性】繁殖期栖息于隆宝湖中间蛋岛，性谨慎，集群生活。多以莎草科和禾本科的茎叶为食。每年3月到达保护区，4月中旬至5月后繁殖。

【鸣声】音调较低，富有节奏的"hang—hang—hang"声。

【保护现状】LC（IUCN）。

翘鼻麻鸭 *Tadorna tadorna*

— Common Shelduck

雁形目 ANSERIFORMES

鸭　科 Anatidae

【特征】体长55～65厘米。雄鸟喙及额前隆起的皮质肉瘤鲜红色。繁殖期头部黑绿色，胸部有一栗色横带，肩部、飞羽、尾端及腹部纵纹均黑色。雌鸟羽色较淡，肉瘤不明显。虹膜浅褐色；喙红色；跗跖红色。

【习性】栖息于隆宝湖及周边湿地，多见于迁徙季节。主要以水生昆虫、昆虫幼虫、软体动物等动物性食物为食，也吃植物叶片、嫩芽和种子等植物性食物。

【鸣声】繁殖期发出多种声音，包括快速的"ga—ga"声、"grr—grr"声等，非繁殖期较少鸣叫。

【保护现状】LC（IUCN）。

赤麻鸭 *Tadorna ferruginea*

— Ruddy Shelduck

雁形目　ANSERIFORMES

鸭　科　Anatidae

【特征】体长58～70厘米。通体橙色，头颈部渐浅，前额及面部淡黄色。雄鸟夏季有狭窄的黑色领圈。臀部、尾部和飞羽为黑色，飞行时白色翅膀上覆羽及铜绿色翼镜明显。虹膜褐色；喙近黑色；跗跖黑色。

【习性】栖息于隆宝湖及周边湿地，常见。常集群活动。主要以水生植物叶、芽、种子等植物性食物为食，也吃昆虫、蚯蚓和小鱼等动物性食物。

【鸣声】经常鸣叫，较嘈杂，常发出的"ang—ang"的叫声或"kakakaka—kakakaka"的声音。

【保护现状】LC（IUCN）。

赤膀鸭 *Mareca strepera*

— Gadwall

雁形目　ANSERIFORMES
鸭　科　Anatidae

【特征】体长45～57厘米。雄鸟通体灰色，胸部具深色斑纹，翼上中部有棕红色斑块，翼镜白色，尾黑褐色。雌鸟颜色较暗，尾棕色。虹膜褐色；雄鸟喙黑色或黄色，雌鸟上喙黑色；跗跖橘黄色。

【习性】栖息于保护区及周边淡水湖泊湿地中，常见于迁徙季节。通常集群活动，性羞怯而机警。以水生植物为主，也觅食青草、草籽、浆果和谷粒。

【鸣声】不常鸣叫，冬季发出"gag—ag—ag—ag—ag"的叫声。

【保护现状】LC（IUCN）。

赤颈鸭 *Mareca penelope*

— Eurasian Wigeon

雁形目　ANSERIFORMES

鸭　科　Anatidae

【特征】体长42～51厘米。繁殖期雄鸟头栗红色，头顶中至额前皮黄色，体羽余部多灰色，两胁有白斑，上胸灰棕色，腹白色。雌鸟通体棕褐色。翼镜绿色。虹膜棕色；喙铅灰色；跗跖灰色。

【习性】栖息于隆宝湖及周边湖泊地带，多见于迁徙季节。集群活动，常与其他鸭类混群，性羞怯机警。主要滤食浮游植物，采食水草，也食陆生植物的叶、茎、根及草籽。

【鸣声】雄鸟发出嘹亮的哨音"whee—oo"，雌鸟为短急的鸭叫。

【保护现状】LC（IUCN）。

绿头鸭 > *Anas platyrhynchos* LC

— Mallard

雁形目 ANSERIFORMES

鸭　科 Anatidae

【特征】体长55~70厘米。雄鸟头及颈深绿色且具光泽，白色颈环将头与栗色胸部隔开，黑色尾羽向上卷。雌鸟通体棕色且具深色条纹，过眼纹色深，翼镜紫蓝色。虹膜褐色；雄鸟喙黄色且端色深，雌鸟喙橙色且上喙有黑斑；跗跖橘黄色。

【习性】栖息于隆宝湖附近水域中。数量较少，常与其他鸭类混群。主要以植物的叶、芽、茎、种子和水藻等植物性食物为食，也吃软体动物、水生昆虫等动物性食物。

【鸣声】似家鸭的"quack—quack—quack"声。

【保护现状】LC（IUCN）。

针尾鸭　*Anas acuta*

— Northern Pintail

雁形目　ANSERIFORMES

鸭　科　Anatidae

【特征】 体长51～76厘米。体形修长。雄鸟尾黑色且长似针状,头及后颈栗色,喉白色,沿颈侧向后延伸至后枕,下体白色,尾下覆羽黑色。雌鸟头、颈棕褐色,颈较长,上体多黑斑,下体皮黄色,尾羽较尖,翼镜褐色。虹膜褐色;喙蓝灰色;跗跖灰色。

【习性】 栖息于隆宝湖边沼泽地,多见于迁徙季节。常集群活动,与其他鸭类混群。主要以草籽和其他水生植物为食,繁殖期间则多以水生无脊椎动物为食。

【鸣声】 典型的"kwuk—kwuk"鸭叫声。

【保护现状】 LC（IUCN）。

绿翅鸭 *Anas crecca*

— Eurasian Teal

雁形目 ANSERIFORMES

鸭　科 Anatidae

【特征】体长34～38厘米。绿色翼镜飞行时明显。雄鸟头颈栗色，带皮黄色边缘的贯眼纹呈墨绿色宽带，肩羽上有1道长长的白色条纹，尾部两侧有黄色三角斑。雌鸟暗棕色，有深色过眼纹。虹膜褐色；喙灰色；跗跖灰色。

【习性】栖息于隆宝湖河流入湖口、湖泊和沼泽地带，多见于迁徙季节。通常集群活动，常与其他鸭类混群。冬季主要以植物性食物为主，其他季节也吃软体动物、水生昆虫等动物性食物。

【鸣声】雄鸟发出"kirrik"的哨音，雌鸟发出短"quack"声。

【保护现状】LC（IUCN）。

琵嘴鸭 *Spatula clypeate* LC
— Northern Shoveler

雁形目 ANSERIFORMES

鸭　科 Anatidae

【特征】体长44～52厘米。具前宽后窄而形似琵琶的扁喙。雄性头、颈墨绿色且有金属光泽，胸及两胁白色，腹部栗色。雌性有深色过眼纹。虹膜褐色；雄鸟喙黑色，雌鸟喙橘黄褐色；跗跖橘黄色。

【习性】栖息于保护区及周边水生植物丰富的湖泊、河流、沼泽等浅水水域。冬季集大群，常与其他鸭类混群。主要以螺、软体动物、甲壳类、水生昆虫、鱼、蛙等动物性食物为食，也食水藻、草籽等植物性食物。

【鸣声】似绿头鸭但声音轻而低，也作"quack"的鸭叫声。

【保护现状】LC（IUCN）。

赤嘴潜鸭 *Netta rufina*

— Red-crested Pochard

雁形目 ANSERIFORMES

鸭　科 Anatidae

【特征】体长53～57厘米。雄鸟头部棕红色，后颈、胸、腹部中央、尾黑色，胁部白色，上体棕色。雌鸟头顶和枕部灰棕色，脸部浅色，其余部位浅灰棕色。虹膜红褐色；雄鸟喙橘红色且较细，雌鸟喙黑色而端黄色；雄鸟跗跖粉红色，雌鸟跗跖灰色。

【习性】栖息于隆宝湖中较开阔的深水水域，成对或集小群活动。主要以水生植物为食，潜水觅食。

【鸣声】通常较为安静，求偶时发出"seer—seer"的叫声，音调较高，似虫鸣，带有颤音。

【保护现状】LC（IUCN）。

红头潜鸭 *Aythya ferina*

— Common Pochard

雁形目 ANSERIFORMES

鸭　科 Anatidae

【特征】体长41～50厘米。雄鸟头颈栗色，胸、尾部黑色，其余部位灰色。雌鸟头、胸、尾部灰棕色，眼后有1条浅带，眼先和下颌色浅，身体浅灰色。雄鸟虹膜红色，雌鸟虹膜褐色；喙灰色而端黑；跗跖灰色。

【习性】栖息于隆宝湖开阔且水流较慢的水域。常集大群活动，晨昏活跃。以水生植物为食，潜水觅食。

【鸣声】带有颤音的"krrr"声。繁殖期过后很少鸣叫。

【保护现状】VU（IUCN）。

白眼潜鸭 *Aythya nyroca*

— Ferruginous Duck

雁形目　ANSERIFORMES
鸭　科　Anatidae

- 【特征】体长33~43厘米。雄鸟头、胁部深栗色,尾下覆羽、下腹、翼镜白色,其余部位黑褐色。雌鸟色浅。飞行时可见明显的白色翼斑。雄鸟虹膜白色,雌鸟虹膜深褐色;喙黑色;跗跖灰色。

- 【习性】栖息于隆宝湖较封闭且水流缓慢的水域。单独、成对或聚集成几十只至数百只的群活动。潜水时间较短,主要以植物性食物为主,也食水生昆虫、蛙和小鱼等动物性食物。

- 【鸣声】短促的"gaaa"声,繁殖期过后很少鸣叫。

- 【保护现状】NT(IUCN)。

动物　FAUNA

凤头潜鸭　*Aythya fuligula*

— Tufted Duck

雁形目　ANSERIFORMES
鸭　科　Anatidae

【特征】体长34~49厘米。头具特长羽冠。雄鸟上体黑色且具紫色金属光泽，胁部、翼镜和下腹白色。雌鸟深棕色，冠羽较短。虹膜黄色；喙灰色；跗跖灰色。

【习性】栖息于隆宝湖水流缓慢的水域。飞行迅速，常频繁潜水取食，主要取食虾、蟹、水生昆虫、小鱼等动物性食物，也吃少量水生植物。

【鸣声】繁殖期为比较圆润的"kur—r—r，kur—r—r"声，繁殖期外很少鸣叫。

【保护现状】LC（IUCN）。

鹊鸭 *Bucephala clangula* LC

— Common Goldeneye

雁形目　ANSERIFORMES
鸭　科　Anatidae

- 【特征】 体长40~48厘米。雄鸟头、上颈黑色且具绿色金属光泽，喙基具大块白斑。雌鸟头、上颈褐色，具白色前颈环，体羽灰色且具深色纵纹。虹膜黄色；喙近黑色；跗跖黄色。

- 【习性】 栖息于隆宝湖周边水域。常集小群，飞行时振翅很快，会抬头后仰炫耀。常频繁潜水取食，主要以水生动物为食。

- 【鸣声】 很少鸣叫，繁殖期发出快速的"gra—gra—gra—gra"声。

- 【保护现状】 LC（IUCN）。

普通秋沙鸭 *Mergus merganser*

— Common Merganser

雁形目 ANSERIFORMES
鸭　科 Anatidae

【特征】体长54~68厘米。细长的喙具有钩，枕部有不明显冠羽。雄鸟头、背部墨绿色且具金属光泽，胸部及下体白色。雌鸟头和上颈棕褐色，头顶色深，上体灰色，下体白色，具白色翼镜。虹膜褐色；喙红色；跗跖红色。

【习性】栖息于隆宝湖开阔的湖面和河流。集群活动。潜水捕鱼为食，会将头伸入水下寻找食物再潜水捕捉，也食少量的水生植物。

【鸣声】较低沉的"kh—kh—krooh"声，也有类似于拖拉机启动的"kre—kre—kre—kre"声。

【保护现状】LC（IUCN）。

凤头䴙䴘 *Podiceps cristatus*

— Great Crested Grebe

䴙䴘目　PODICIPEDIFORMES
䴙䴘科　Podicipedidae

[特征] 体长45～51厘米，雌雄相似。体形最大的一种䴙䴘，颈修长。眼先黑色，面颊、喉至下体白色，后颈至背灰褐色。繁殖期头顶有黑色冠羽，头侧有棕黑色领状饰羽，胁部棕色。冬季羽色暗淡，无冠羽及饰羽，胁部灰色。虹膜近红色；喙粉红色；跗跖近黑色。

[习性] 栖息于隆宝湖中水面开阔的水域。单独或成对活动，极善水性。主要以各种鱼类为食，也吃部分水生植物。

[鸣声] 急促的单音节，连串的粗哑颤音"e—e—e"。

[保护现状] LC（IUCN）。

黑颈䴙䴘 *Podiceps nigricollis*
— Black-necked Grebe

䴙䴘目 PODICIPEDIFORMES
䴙䴘科 Podicipedidae

[特征] 体长25～35厘米，雌雄相似。繁殖期头部具黑色冠羽，眼后、头侧具醒目的金黄色饰羽，上体黑色，胁部红褐色。冬季头部无饰羽，喉及下体白色，颈灰色。幼体似冬季成鸟，但耳覆羽和颈部棕色。虹膜红色；喙黑色，略上翘；跗跖灰黑色。

[习性] 栖息于隆宝湖中有水生植物的开阔水域。成对或集小群活动。潜水觅食，以昆虫、水生动物为食，也吃少量水生植物。

[鸣声] 长而尖利的笛音，也发出"jiu—jiu—jiu"的尖颤音。

[保护现状] LC（IUCN）；国家二级保护野生动物。

岩鸽 *Columba rupestris*

— Hill Pigeon

鸽形目 COLUMBIFORMES

鸠鸽科 Columbidae

【特征】体长30～35厘米，雌雄相似。体羽灰色，颈和上胸铜绿色且具金属光泽，翼具2道黑色横带，腹部和背部颜色较浅，尾上1道宽阔的偏白色横带，尾羽先端黑色。虹膜浅褐色；喙黑色；蜡膜肉色；跗跖红色。

【习性】栖息于隆宝湖周边多岩石的高山和建筑，多在山谷、岩壁间活动。主要以植物种子、果实等为食。

【鸣声】声调较高的连续"ku—ku"声。

【保护现状】LC（IUCN）。

灰斑鸠　*Streptopelia decaocto*

— Eurasian Collared Dove

鸽形目　COLUMBIFORMES
鸠鸽科　Columbidae

【特征】体长25～34厘米，雌雄相似。后颈具黑白色半领圈，头顶灰色，上体粉灰色，下体浅灰色。虹膜褐色；喙灰色；跗跖粉红色。

【习性】栖息于隆宝湖周边开阔地带。常集小群活动，喜欢在地面觅食。主要以各种植物果实和种子为食，也吃农作物谷粒和昆虫。

【鸣声】常发出"coo—cooh—coo"声。

【保护现状】LC（IUCN）。

大杜鹃 *Cuculus canorus* LC

— Common Cuckoo

鹃形目 CUCULIFORMES
杜鹃科 Cuculidae

【特征】体长32~35厘米。颈部灰白色,腹部黑色且具窄横纹。尾黑棕色,有不明显条纹,无黑色次端斑,尾端白色。雌鸟上胸呈红褐色,棕色型上体为褐色,具横条纹,腰部无横斑。虹膜黄色;上喙深色,下喙黄色;跗跖黄色。

【习性】较大胆,常见于保护区及周边电线上,巢寄生。嗜吃各种毛虫,特别是繁殖期间几乎纯以毛虫为食,并吃柔软昆虫,偶尔也吃硬壳的虫甲类。产卵时间约从4月开始,5—6月为产卵盛期。无固定配偶,不自营巢育雏,卵寄孵于其他鸟巢中。

【鸣声】两声一度的"bu—gu"。

【保护现状】LC(IUCN)。

白骨顶 *Fulica atra*

— Eurasian Coot

鹤形目 GRUIFORMES
秧鸡科 Rallidae

【特征】体长36～39厘米，雌雄相似。通体深黑灰色，白色的喙及额甲醒目。虹膜红色；喙白色；跗跖灰绿色。

【习性】栖息于隆宝湖中开阔水域。常集群活动，和鸭类混群。善游泳和潜水，不断地晃动身体和点头。主要以鱼、虾、水生昆虫、水生植物嫩叶、幼芽为食，潜水觅食。

【鸣声】求偶时会发出短促而响亮的单调"kow"声和"kick"声，或者两个音节的"kick—kowp"声。雌性的鸣叫声比雄性更短促且高亢。

【保护现状】LC（IUCN）。

灰鹤 *Grus grus* LC

— Common Crane

鹤形目　GRUIFORMES
鹤　科　Gruidae

【特征】体长95～125厘米，雌雄相似。通体灰色，头顶裸露皮肤红色，眼后有1道宽的白色条纹伸至颈背。虹膜褐色；喙污绿色，喙端偏黄；跗跖黑色。

【习性】栖息于保护区及周边湿地，性机警胆小。常在开阔沼泽地觅食，主要以植物、软体动物、昆虫、蛙、鱼类等为食。

【鸣声】高亢、持久且具有穿透力的号角声，飞行时发出深沉响亮的"karr"声。

【保护现状】LC（IUCN）；国家二级保护野生动物。

动物 FAUNA 鹤形目

黑颈鹤　*Grus nigricollis*

— Black-necked Crane

鹤形目 GRUIFORMES

鹤　科 Gruidae

【特征】 体长约115厘米，雌雄相似。通体灰白色。头、喉、颈、飞羽和尾羽黑色，头部裸皮暗红色，眼后具白斑。虹膜黄色；喙角质灰色或绿色，近喙端处多些黄色；跗跖黑色。

【习性】 栖息于隆宝湖及周边沼泽地带，是保护区旗舰种。以家庭为单位活动，占据2～4平方千米。在隆宝繁殖期为4月下旬至6月上旬，筑巢于被水包围的草墩或岛屿状高地，窝卵数1～2枚，卵淡青色，带有棕色斑点，孵卵期31～33天，由双亲轮流承担。主要以薹草、荸荠等植物为食，繁殖季节也会捕食鱼、鼠兔等小型动物。

【鸣声】 一连串高亢且具有穿透力的号角声，音似"guo—guo—guo"或"gage—gage"。

【保护现状】 NT（IUCN）；国家一级保护野生动物。

041

鹮嘴鹬 *Ibidorhyncha struthersii*

— Ibisbill

鸻形目 CHARADRIIFORMES
鹮嘴鹬科 Ibidorhynchidae

【特征】体长39~41厘米。喙红色细长且向下弯曲。雄鸟头顶、额、颊、喉黑色，雌鸟头顶无黑色。上体和胸灰色，胸、腹间具有1条黑色横带，腹白色。虹膜褐色；喙绯红色；跗跖绯红色。

【习性】栖息于保护区及周边多石的清澈溪流和草滩，单独或集小群活动。主要以昆虫幼虫、节肢动物、鱼类、蛙类等小型水生生物为食。

【鸣声】连串带有金属质感的"ji—ji"声。

【保护现状】LC（IUCN）；国家二级保护野生动物。

动物 FAUNA

反嘴鹬 *Recurvirostra avosetta*

— Pied Avocet

鸻形目 CHARADRIIFORMES
反嘴鹬科 Recurvirostridae

【特征】体长42～45厘米，雌雄相似。喙细长而上翘。头顶、后颈、翼尖黑色，具黑色的翼上横纹及肩部条纹，其余部位白色。虹膜褐色；喙黑色；跗跖青灰色。

【习性】栖息于隆宝湖及周边浅水湿地中，集群活动。善游泳，觅食时用喙在水中左右扫动。主要以小型甲壳类、水生昆虫和软体动物等为食。

【鸣声】发出尖锐响亮的哨音"wii—wii"。

【保护现状】LC（IUCN）。

凤头麦鸡 *Vanellus vanellus*

— Northern Lapwing

鸻形目　CHARADRIIFORMES
鸻　科　Charadriidae

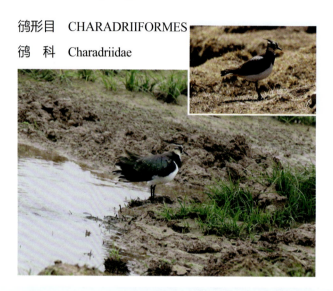

【特征】体长28～32厘米，雌雄相似。头顶具细长上翘的黑色冠羽。头、前颈、胸黑色，上体黑绿色且具金属光泽，头侧、喉部和下体白色，尾白色且具宽大的黑色次端带。虹膜褐色；喙近黑色；腿及跗跖橙褐色。

【习性】栖息于保护区沼泽边，常集群活动。夜间捕食，主要以昆虫为食，也吃虾、蚯蚓等小型无脊椎动物和草种、植物嫩叶。

【鸣声】响亮的"zi—aa"声。

【保护现状】NT（IUCN）。

金鸻 *Pluvialis fulva* LC

— Pacific Golden Plover

鸻形目 CHARADRIIFORMES
鸻　科 Charadriidae

【特征】体长 23～26 厘米，繁殖羽上体黑色并密布黄金色斑点，下体黑色，自额经眉纹、颈侧到胸侧有 1 条近似 "Z" 形白带。非繁殖羽上体密布黄色，边缘具淡黄色斑点，下体灰白色，眉纹、面部黄白色，翼下棕灰色。雌鸟下体黑色略淡。虹膜褐色；喙黑色；腿及跗跖灰色。

【习性】栖息于保护区及周边河滩、草地等处，善于在地上疾走。性较胆小，遇到危险立即起飞，边飞边叫。取食昆虫（鞘翅目、直翅目、鳞翅目等）、软体动物、甲壳动物等。

【鸣声】有时发出具金属音的 "yi wei—yi wei" 声。

【保护现状】LC（IUCN）。

金眶鸻 *Charadrius dubius* LC

— Little Ringed Plover

鸻形目　CHARADRIIFORMES
鸻　科　Charadriidae

【特征】体长14～17厘米，雌雄相似。繁殖羽上体沙褐色，具金黄色眼圈，额具宽阔的黑色横带，有黑色贯眼纹和胸带。非繁殖期，贯眼纹和胸带棕褐色。虹膜暗褐色；喙黑色，下喙基部黄色；腿及跗跖橙黄色或淡粉红色，爪黑褐色。

【习性】栖息于保护区沼泽地带，不常见。常单独或成对活动，较少混群，行动敏捷。觅食时有时用跗跖在浅水区搅动，啄食浮出的生物。

【鸣声】有时发出具金属音的"wei—wei—you或wei—you"声。

【保护现状】LC（IUCN）。

环颈鸻 *Charadrius alexandrinus*

— Kentish Plover

鸻形目　CHARADRIIFORMES
鸻　科　Charadriidae

[特征] 体长15～17厘米。上体沙褐色，下体白色，前额和眉纹白色彼此相连，雄鸟黑色领环在胸前断开。繁殖期雄鸟顶冠红褐色，额部横斑、眼纹和半颈环黑色。雌鸟顶冠、额部横斑、眼纹、领环褐色。虹膜褐色；喙黑灰色；腿灰黑色，跗跖稍黑，有时为淡褐色或黄褐色。

[习性] 栖息并繁殖于隆宝湖及周边沼泽地带。常集群活动，喜与其他小型鸻鹬类混群，活动敏捷。主要以蝇类幼虫、水生甲虫为食，兼食植物种子、植物碎片。

[鸣声] 有时发出响亮具金属音的"wei—wei—wei"声。

[保护现状] LC（IUCN）。

蒙古沙鸻 *Charadrius mongolus* EN

— Siberian Sandplover

鸻形目　CHARADRIIFORMES

鸻　科　Charadriidae

[特征] 体长18～21厘米。上体灰褐色，雄鸟繁殖羽颊和喉白色，额有黑带，与贯眼黑纹相连，胸和颈棕红色。冬季色淡，颈部黑带与胸部的棕红色消失，眉纹白色。虹膜褐色；喙黑色，粗短；腿及跗跖深灰色。

[习性] 栖息于保护区浅滩湿地。迁徙季节和越冬期喜集群活动。主要以昆虫、软体动物、蠕虫等小型动物为食。

[鸣声] 有时发出轻声短促颤音或尖声"kip—lip"。

[保护现状] EN（IUCN）。

扇尾沙锥 *Gallinago gallinago* LC

— Common Snipe

鸻形目　CHARADRIIFORMES
鹬　科　Scolopacidae

【特征】体长24～29厘米，雌雄相似。喙长可达头长2倍。翼尖、头冠黑棕色，具浅色中央条纹，眼部上下条纹及过眼纹色略深，上体褐色且具黑色细斑纹，背带有两条浅棕色的条纹，下体皮黄色具褐色条纹。虹膜褐色；喙褐色；跗跖橄榄色。

【习性】栖息于保护区湿地，繁殖期会进行炫耀飞行，非繁殖期单独或集小群活动，晨昏活动时觅食较活跃，白天隐匿于草丛。

【鸣声】繁殖期飞行时振翅发出一串上扬的"tick—a, tich—a, tich—a"声；非繁殖期较安静；被惊扰时发出粗哑的"jett—jett"声。

【保护现状】LC（IUCN）。

黑尾塍鹬 *Limosa limosa*

— Black-tailed Godwit

鸻形目　CHARADRIIFORMES

鹬　科　Scolopacidae

- 【特征】体长37～42厘米。雄鸟繁殖羽颈、胸及上腹棕红色，腹部具深色横纹，下腹白色，尾羽黑色，尾上覆羽白色。雌鸟似雄鸟，但颜色略淡，非繁殖羽上体灰色，下体白色。虹膜褐色；喙基部粉色，端部黑色；跗跖绿灰色。

- 【习性】栖息于保护区内湿地，在青藏高原为旅鸟，常集群活动。将长长的喙插入泥中探觅食物，主要以水生和陆生昆虫、昆虫幼虫、甲壳类和软体动物为食。

- 【鸣声】急促、尖利的"kii—kii"声或"kio—kio"声。

- 【保护现状】NT（IUCN）。

白腰杓鹬 — *Numenius arquata* NT

— Eurasian Curlew

鸻形目 CHARADRIIFORMES
鹬　科 Scolopacidae

- 【特征】体长55～63厘米。飞羽为黑褐色与淡褐色相间横斑，下背、腰及尾上覆羽白色；尾羽白色，具黑褐色细横纹；腹、胁部白色，具粗重黑褐色斑点，下腹及尾下覆羽白色。虹膜褐色；喙褐色，甚长且下弯。

- 【习性】栖息于保护区及周边的湖泊、河流岸边和附近沼泽、草地等地带。以无脊椎动物为食，也食浆果和种子。

- 【鸣声】响亮而哀伤的升调哭腔"cur—lew"声。

- 【保护现状】NT（IUCN）；国家二级保护野生动物。

红脚鹬 *Tringa totanus* LC

— Common Redshank

鸻形目　CHARADRIIFORMES

鹬　科　Scolopacidae

【特征】体长26～29厘米。雌雄相似。上体灰褐色，下体白色。胸部密布褐色纵纹，飞翔时可见次级飞羽明显的白色外缘。虹膜褐色；喙基部红色，端部黑色；跗跖橙红色。

【习性】栖息并繁殖于隆宝湖中间被水包围的沼泽地草丛中，常集小群活动。性机警，飞行时发出激越的鸣叫。主要以甲壳类、软体动物、昆虫为食。

【鸣声】雄鸟炫耀飞行时，重复发出响亮、清脆的"teu hu—hu"声，也发出拉长的哨音；警戒时发出短促尖锐的"teyuu"声。

【保护现状】LC（IUCN）。

动物 FAUNA

青脚鹬 *Tringa nebularia* LC

— Common Greenshank

鸻形目　CHARADRIIFORMES
鹬　科　Scolopacidae

【特征】体长30～35厘米，雌雄相似。上体灰褐色，密布白色和黑褐色条纹，下体白色，喉和胸有黑色纵斑。飞行时，背部的白色长条明显，跗跖伸出尾端甚长。冬季羽色暗淡，喉、胸的纵斑消失。虹膜褐色；喙灰绿色，端黑色，上翘；跗跖黄绿色。

【习性】栖息于保护区及周边沼泽地带，常单独或集小群活动。在浅水中觅食，主要以鱼、虾、螺、水生昆虫及幼虫为食。

【鸣声】飞行时发出响亮而具辨识度的降调笛音"tyu—tyu—tyu"，通常重复3次；示警时发出单音节、尖锐的"chip—"声。

【保护现状】LC（IUCN）。

白腰草鹬 *Tringa ochropus* LC

— Green Sandpiper

鸻形目　CHARADRIIFORMES

鹬　科　Scolopacidae

【特征】体长21～24厘米，雌雄相似。上体深绿褐色，具细小白色斑点。头、颈、胸具深色纵纹，腹部、腰和尾白色。虹膜褐色；喙暗橄榄色；跗跖橄榄绿色。

【习性】栖息于保护区及周边草茂密的沼泽，常单独活动。性胆小谨慎，受惊后迅速飞离。主要以小型无脊椎动物为食，偶尔也吃小鱼。

【鸣声】响亮如流水般的"tlooeet—ooeet—ooeet"声，第二音节拖长。

【保护现状】LC（IUCN）。

动物 FAUNA

鸻形目

林鹬 *Tringa glareola*

— Wood Sandpiper

鸻形目　CHARADRIIFORMES
鹬　科　Scolopacidae

【特征】体长19~23厘米，雌雄相似。上体褐色且具黑、白色较大斑点，腹部及臀偏白，腰白色。眉纹和喉部白色，头、颈、胸具深色条纹。虹膜褐色；喙黑色，相对粗短；跗跖淡黄色至橄榄绿色。

【习性】栖息于保护区沼泽湿地，单独或集小群活动。在浅水区行走捡食，主要以昆虫、软体动物等为食，也吃少量植物种子。

【鸣声】雄鸟炫耀飞行时重复响亮的"chee—chee—chee"声，惊飞时发出急促、尖锐的"weef—weef—weef"声。

【保护现状】LC（IUCN）。

055

矶鹬 *Actitis hypoleucos* LC

— Common Sandpiper

鸻形目　CHARADRIIFORMES

鹬　科　Scolopacidae

【特征】体长16～22厘米，雌雄相似。繁殖羽肩部有白色条带，上体棕褐色，具深色细纹和斑点，下体白色，胸暗色，翼不及尾，飞羽近黑色。非繁殖羽上体为橄榄棕色，条带不明显。虹膜褐色；喙深灰色；跗跖浅橄榄绿色。

【习性】栖息于保护区及周边溪流、河流、湖泊、浅滩、沼泽地。常单独活动，具领域性。主要以昆虫为食，也吃小鱼、蝌蚪等。

【鸣声】鸣唱声为多个快速重复的"swee"音段，惊飞时发出连续、响亮的笛音"swee—swee—swee"。

【保护现状】LC（IUCN）。

青脚滨鹬 *Calidris temminckii* LC

— Temminck's Stint

鸻形目　CHARADRIIFORMES

鹬　科　Scolopacidae

【特征】体长13～15厘米，雌雄相似。繁殖羽上体、胸灰色，翼上覆羽带棕色，腹部白色。非繁殖羽上体、胸灰褐色，胸部灰色边界清晰，腹部白色。虹膜褐色；喙黑色；跗跖偏绿或近黄色。

【习性】栖息于保护区沼泽湿地，单独或集小群活动。以昆虫、小甲壳动物、蠕虫为食。

【鸣声】飞行时发出一串颤音"tirrrr—tirrrr"，音调较高。

【保护现状】LC（IUCN）。

棕头鸥 *Chroicocephalus brunnicephalus*

Brown-headed Gull

鸻形目　CHARADRIIFORMES

鸥　科　Laridae

[特征] 体长40~46厘米，雌雄相似。背灰色，下体白色。翼尖黑色且具白斑。繁殖羽头棕褐色，眼周裸皮暗红色，有中间断开的半月形白斑。虹膜淡黄或灰色；喙深红色；跗跖红色。

[习性] 栖息于保护区沼泽湿地、环水的塔头上。主要以鱼、软体动物为食。

[鸣声] 沙哑的"gek—"声。

[保护现状] LC（IUCN）。

红嘴鸥　*Chroicocephalus ridibundus*

— Black-headed Gull

鸻形目　CHARADRIIFORMES
鸥　科　Laridae

【特征】体长36～42厘米，雌雄相似。繁殖羽头黑褐色，眼具不完整白色细眼圈，眼前方断开，初级飞羽仅尖端黑色，翼前缘白色明显。非繁殖羽头白色，眼周羽毛黑色，眼后具一黑斑。虹膜褐色；喙红色；跗跖红色。

【习性】栖息于保护区各类湿地生境，单独或集群活动。主要以鱼、昆虫、水生植物和人类丢弃的食物残渣为食。

【鸣声】急促的"ji—er"声。

【保护现状】LC（IUCN）。

渔鸥　*Ichthyaetus ichthyaetus*　LC
Pallas's Gull

鸻形目　CHARADRIIFORMES

鸥　科　Laridae

【特征】体长58～67厘米，雌雄相似。体形大，背灰色。繁殖期头黑色，上下眼睑白色，喙端红色且具黑色环带。非繁殖期头白色，眼周仍有黑color色，喙端红色几乎消失，头至后颈有暗色纵纹。虹膜褐色；喙黄色，近端处具黑色及红色环带；跗跖绿黄色。

【习性】栖息于保护区及周边有水生植物的水域，常集群活动。善游泳而不善潜水，只游于浅水区觅食。主要以鱼为食，也吃软体动物及水生昆虫。

【鸣声】叫声粗哑，似鸦。

【保护现状】LC（IUCN）。

普通燕鸥 *Sterna hirundo* LC

— Common Tern

鸻形目　CHARADRIIFORMES
鸥　科　Laridae

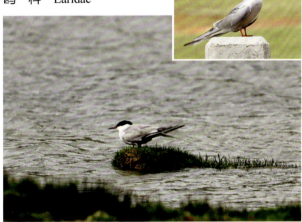

【特征】体长31~38厘米，雌雄相似。繁殖期鸟头顶、后颈黑色。非繁殖期额白色，头顶具黑白色杂斑，前翼具近黑色横纹，外侧尾羽羽缘近黑色。站立时翼尖刚好及尾。虹膜褐色；喙在夏季红色而尖端黑色，在冬季全黑色；跗跖红色。

【习性】栖息于隆宝湖及周边河流流域、湖泊等地带，集小群活动。飞行轻盈而迅速，于水面上空低飞觅食，扎入水中捕食。主要以小鱼、昆虫等小型动物为食。

【鸣声】连续的、较尖利的"jiyu—"声。

【保护现状】LC（IUCN）。

黑鹳　*Ciconia nigra*

— Black Stork

鹳形目　CICONIIFORMES
鹳　科　Ciconiidae

- 【特征】体长100~120厘米，雌雄相似。眼周裸露皮肤红色。上体黑色，具金属光泽。飞行时翼下黑色，可见下胸、腋下、腹部及尾下白色。虹膜褐色；喙红色；跗跖红色。

- 【习性】栖息于保护区水质清澈的沼泽地，罕见。性情孤独，喜欢单独或成对活动。以鱼、蛙、甲壳类等为食。

- 【鸣声】通常沉默，偶尔会发出一种特殊的咕咕声。

- 【保护现状】LC（IUCN）；国家一级保护野生动物。

普通鸬鹚 *Phalacrocorax carbo* LC

— Great Cormorant

鲣鸟目 SULIFORMES

鸬鹚科 Phalacrocoracidae

【特征】体长77~94厘米,雌雄相似。通体黑色。繁殖期脸颊及喉白色,头颈紫绿色,具金属光泽且有白色丝状羽,下胁具白斑。虹膜蓝色;喙大部分黑色,下喙基裸皮黄色;跗跖黑色。

【习性】栖息于隆宝湖及周边水域,常集群活动。善游泳和潜水,以鱼为食。

【鸣声】有时发出单调而低沉的叫声。

【保护现状】LC(IUCN)。

池鹭 *Ardeola bacchus* LC
— Chinese Pond Heron

鹈形目　PELECANIFORMES
鹭　科　Ardeidae

[特征] 体长42～52厘米，雌雄相似。繁殖期头、颈、胸部栗色，头顶冠羽不明显，背部有蓝黑色长蓑羽，其余部位白色。冬季无饰羽，头、颈具黄褐色纵纹，背暗褐色。虹膜褐色；喙黄色；跗跖灰绿色。

[习性] 栖息于隆宝湖及周边沼泽地带，单独或集小群活动，也与其他鹭类混群。主要以鱼、虾、蛙、水生昆虫等动物性食物为主，兼食少量植物性食物。

[鸣声] 单调的"woa—woa"声。

[保护现状] LC（IUCN）。

牛背鹭 *Bubulcus coromandus*

— Cattle Egret

鹈形目　PELECANIFORMES
鹭　科　Ardeidae

【特征】体长 46～53 厘米，雌雄相似。眼先、眼周裸皮黄色。繁殖期头、颈、胸、背具橙黄色饰羽，其余白色。非繁殖期全身白色。虹膜黄色；喙黄色，粗短；跗跖暗黄色至近黑色。

【习性】栖息于保护区有牛活动的沼泽地带，常集小群活动。主要以昆虫和寄生虫为食，兼食鱼、蛙等。

【鸣声】很少鸣叫，偶尔发出低沉的"gua—gua"声。

【保护现状】LC（IUCN）。

苍鹭 *Ardea cinerea*

— Grey Heron

鹈形目　PELECANIFORMES
鹭　科　Ardeidae

【特征】体长92～99厘米，雌雄相似。头蓝黑色，有2条辫状黑色冠羽，头顶中央和颈白色，头侧和枕部黑色。前颈有2～3列纵行黑斑，颈基至背部有灰白色饰羽。胸、腹白色。虹膜黄色；喙黄绿色；跗跖偏黑色。

【习性】栖息于保护区沼泽地带，常长时间站于浅水中，耐心等待捕食机会，成对或小群活动。主要以小型鱼、蛙和昆虫为食。

【鸣声】嘶哑的"ga—"声。

【保护现状】LC（IUCN）。

大白鹭 *Ardea alba* LC

— Great Egret

鹈形目　PELECANIFORMES
鹭　科　Ardeidae

【特征】体长90～98厘米，雌雄相似。全身白色，喙裂超过眼睛，颈部具明显的特殊扭结。繁殖期背和颈部着生发达的蓑羽。虹膜黄色；喙橙黄色，繁殖期黑色；跗跖黑色。

【习性】栖息于保护区沼泽地带，常单只或小群活动。静立于水中等待食物，或在浅水中缓慢行走啄食。主要以水生昆虫、鱼、蛙等为食。

【鸣声】偶发出低声的"galala—galala"。

【保护现状】LC（IUCN）。

白鹭 *Egretta garzetta* LC

— Little Egret

鹈形目　PELECANIFORMES
鹭　科　Ardeidae

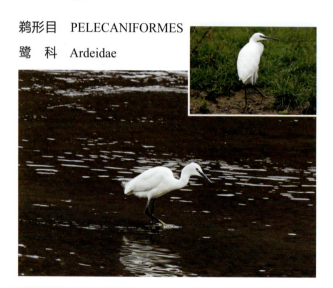

【特征】体长55～68厘米，雌雄相似。全身白色。繁殖期颈背部有2根细长的辫状饰羽，背及胸具蓑状羽。虹膜黄色；喙黑色；跗跖黑色。

【习性】栖息于保护区及周边沼泽地带，常与其他种类混群。主要以各种小型鱼类为食，也吃蝌蚪、水生昆虫等。

【鸣声】单调而嘶哑的"wa—"声。

【保护现状】LC（IUCN）。

动物 FAUNA

鹰形目

胡兀鹫 *Gypaetus barbatus*

— Bearded Vulture

鹰形目　ACCIPITRIFORMES
鹰　科　Accipitridae

【特征】体长94～125厘米，雌雄相似。头灰白色，颈、腹部棕色。体羽黑褐色。黑色粗大贯眼纹向前延伸出胡须状髭羽。下体黄褐色，上体褐色且具皮黄色纵纹。成鸟具红色裸露眼圈。飞行时两翼尖而直，长尾楔形。虹膜黄色；喙黑色，蜡膜灰色；跗跖灰色。

【习性】栖息于保护区及周边高山、高原和河谷，通常营巢于悬崖凹处和边缘上。多单独活动。主要以大型动物尸体为食，特别喜欢新鲜尸体和骨头，也吃陈腐了的尸体。

【鸣声】尖利，似隼的啸声。

【保护现状】NT（IUCN）；国家一级保护野生动物。

069

高山兀鹫　*Gyps himalayensis*　NT

— Himalayan Griffon

鹰形目　ACCIPITRIFORMES
鹰　科　Accipitridae

【特征】体长103～110厘米，雌雄相似。下体黄褐色，具白色纵纹，头及颈裸露且略被污白色绒羽，颈基具皮黄色的针状羽簇。上体和翅上覆羽多黄褐色，飞羽和尾黑色。飞行显得甚缓慢。翼尖而长，略向上扬。虹膜橘黄色；喙灰色；跗跖灰色。

【习性】栖息于保护区及周边草地、裸岩等生境。常在空中翱翔觅食，集大群以腐肉和尸体为食。取食时喜欢伸长头颈，张开翅膀，向前奔跑或跳动，以恐吓抢食者。一般不攻击活物。

【鸣声】偶尔发出嘶哑的叫声。

【保护现状】NT（IUCN）；国家二级保护野生动物。

草原雕 *Aquila nipalensis* EN

— Steppe Eagle

鹰形目 ACCIPITRIFORMES
鹰　科 Accipitridae

【特征】体长70～82厘米，雌雄相似。容貌凶狠，尾平型。上体褐色，头顶较暗浓。成鸟下体具灰色稀疏的横斑，两翼具深色后缘。亚成鸟腰白色，翼上具2道皮黄色横纹。尾有时呈楔形。虹膜浅褐色；喙灰色，蜡膜黄色，喙裂过眼；跗跖黄色。

【习性】栖息于保护区及周边开阔草原、草地等地带。白天活动，喜在地面、树枝或电线杆停歇。主要在旷野捕食鼠类。

【鸣声】有时发出响亮的"en—en"声。

【保护现状】EN（IUCN）；国家一级保护野生动物。

金雕　*Aquila chrysaetos*
— Golden Eagle

鹰形目　ACCIPITRIFORMES
鹰　科　Accipitridae

【特征】体长78～93厘米，雌雄相似。头顶黑褐色，枕后颈羽金黄色呈柳叶状。体羽深褐色。飞行时腰部白色明显可见。尾长而圆，两翼呈浅"V"形。亚成鸟翼具白色斑纹，尾基部白色。虹膜褐色；喙灰色；跗跖黄色。

【习性】栖息于保护区及周边裸岩湿地、高山林地等环境。白天活动，常单独活动或成对活动，有极少数成群狩猎记录。主要在山地或旷野环境捕食岩羊、狐狸等大中型兽类及鸟类。

【鸣声】有时发出单调而响亮的"jiu you—jiu you"声。

【保护现状】LC（IUCN）；国家一级保护野生动物。

动物 FAUNA

鹰形目

白尾鹞 *Circus cyaneus*

— Hen Harrrier

鹰形目 ACCIPITRIFORMES
鹰　科 Accipitridae

【特征】体长43～54厘米。雄鸟灰色，从头至尾由深变浅，下体偏白，翅尖黑色。雌鸟颈侧具项链样浅色斑纹，背羽褐色，覆羽色浅具深色纵纹，尾羽褐色具黑色横斑，尾上覆羽白色。虹膜浅褐色；喙灰色；跗跖黄色。

【习性】栖息于保护区周边，常单独或成对活动，晨昏活跃。多在湿地或草地上空低飞觅食，主要以小型鸟类、鼠类、蛙等为食。

【鸣声】偶尔发出连续的"wei jiu—wei jiu"声。

【保护现状】LC（IUCN）；国家二级保护野生动物。

黑鸢 *Milvus migrans* LC

— Black Kite

鹰形目　ACCIPITRIFORMES
鹰　科　Accipitridae

【特征】体长54～66厘米，雌雄相似。体羽颜色为程度各异的棕色。尾较长且分叉。亚成鸟头及下体具皮黄色纵纹。虹膜棕色；喙灰色，蜡膜黄色；跗跖黄色。

【习性】栖息于保护区及周边开阔草原、低山丘陵及湿地周边。主要以小鸟、鼠类和昆虫等动物性食物为食，偶尔也吃家禽和腐尸。

【鸣声】嘶哑的"ewe—wir-r-r-r-r"声。

【保护现状】LC（IUCN）；国家二级保护野生动物。

大鵟 *Buteo hemilasius*

Upland Buzzard

鹰形目 ACCIPITRIFORMES
鹰　科 Accipitridae

【特征】体长57～67厘米，雌雄相似。体羽褐色，深浅色型较多。体形较大，尾上偏白并常具横斑，头和颈后色浅，下体深色部分接近下腹部。跗跖粗壮且具长被羽。浅色型具深棕色的翼缘。深色型初级飞羽下方的白色斑块较小。尾常为褐色而非棕色。虹膜黄色或偏白；喙蓝灰色，蜡膜黄绿色；跗跖黄色。

【习性】栖息于保护区及周边山地、平原、草原、林缘地带。常单独或成对活动，主要在白天活动或觅食，休息时常站在电线杆上。主要以啮齿动物、蛙、野兔等为食。

【鸣声】有时发出响亮的"a—a"声，声音悠远。

【保护现状】LC（IUCN）；国家二级保护野生动物。

雕鸮 *Bubo bubo* LC

— Eurasian Eagle-owl

鸮形目　STRIGIFORMES
鸱鸮科　Strigidae

【特征】体长59~73厘米。耳羽长。体形硕大，上体褐色斑驳，胸部偏黄且具深褐色纵纹，下体羽毛均具褐色横纹。虹膜橙黄色；喙灰色；跗跖黄色。

【习性】栖息于保护区及周边平原、荒野、林缘灌丛以及裸露的高山。除繁殖期外，通常单独活动。以各种鼠类为食。

【鸣声】偶尔发出响亮的两声一度的"wu—wu"声。

【保护现状】LC（IUCN）；国家二级保护野生动物。

纵纹腹小鸮　*Athene noctua*　LC

Little Owl

鸮形目　STRIGIFORMES
鸱鸮科　Strigidae

【特征】体长20～26厘米，雌雄相似。体形小，头圆，无耳羽，头顶平，眉纹浅色，髭纹白色。上体褐色，具白色纵纹及点斑，肩上有2道白色或皮黄色的横斑，下体白色，具褐色杂斑及纵纹。虹膜亮黄色；喙角质黄色；跗跖黄色。

【习性】栖息于保护区及周边低山丘陵、开阔原野。除繁殖期外，常单独活动。以昆虫和鼠类为食，也吃小鸟、蛙类等小动物。

【鸣声】有时发出响亮的一声一度的"wen—wen—wen"声。

【保护现状】LC（IUCN）；国家二级保护野生动物。

戴胜 *Upupa epops* LC

— Eurasian Hoopoe

犀鸟目　BUCEROTIFORMES
戴胜科　Upupidae

- 【特征】体长25～31厘米，雌雄相似。冠羽沙粉红色，展开时为扇形，端斑黑色，次端斑白色。头、上体、肩、下体沙粉红色，翅具黑白相间带斑，腰白色。尾黑色，中间有白色横带。虹膜褐色；喙黑色；跗跖黑色。

- 【习性】栖息于保护区及周边各类开阔地带。单独或集小群活动。主要以昆虫为食，也吃蠕虫等其他小型无脊椎动物。

- 【鸣声】叫声深沉，三声一段，似若"hu—po—po"的一连数次急鸣，声音由高至低。

- 【保护现状】LC（IUCN）。

普通翠鸟 *Alcedo atthis* LC

— Common Kingfisher

佛法僧目 CORACIIFORMES
翠 鸟 科 Alcedinidae

【特征】体长15~17厘米。橘红色眼纹和耳羽显著,其后具宽阔白斑。头顶、颊纹、颈背和翼蓝色且具亮蓝色斑纹,耳羽棕红色。虹膜褐色;喙黑色;跗跖红色。

【习性】栖息于保护区生态环境好的区域,单独或成对活动。立于近水处的地方耐心观察,俯冲到水面用尖嘴将鱼捕获。

【鸣声】频率较高的"zir—zir"声,带金属质感。

【保护现状】LC(IUCN)。

红隼 *Falco tinnunculus*

Common Kestrel

隼形目 FALCONIFORMES
隼 科 Falconidae

- 【特征】体长31～38厘米。雄鸟背部具黑色斑点，翼上覆羽无灰色，下体纵纹较多。雌鸟下体多黑色斑点。虹膜褐色；喙灰而端黑，蜡膜黄色；跗跖黄色。

- 【习性】栖息于保护区及周边村落附近、山地、林缘、草原、旷野等地带。常单独活动。主要以鼠等小型脊椎动物为食。

- 【鸣声】有时发出一串尖锐的"yak—yak—yak—yak—yak"声。

- 【保护现状】LC（IUCN）；国家二级保护野生动物。

燕隼　*Falco subbuteo*　LC

— Eurasian Hobby

隼形目　FALCONIFORMES
隼　科　Falconidae

【特征】体长29～35厘米，雌雄相似。眉纹白色，上体暗灰色，颊部具黑色髭纹。下体有黑色较浅的纵纹，下腹部至尾下覆羽棕色。虹膜褐色；喙灰色，蜡膜黄色；跗跖黄色。

【习性】栖息于保护区及周边开阔平原、旷野等地带，有时亦至低山丘陵、林缘等地带。常单独或成对活动。通常侵占喜鹊、乌鸦巢，主要以雀形目小鸟为食。

【鸣声】有时发出响亮的"kli—kli—kli"声。

【保护现状】LC（IUCN）；国家二级保护野生动物。

猎隼　*Falco cherrug*

— Saker Falcon

隼形目　FALCONIFORMES
隼　科　Falconidae

【特征】体长42～60厘米，雌雄相似。浅褐色头顶有黑褐色细纹。眉纹白色，髭纹黑色。上体灰褐色，浅色羽缘纹络清晰。飞羽黑褐色，尾羽棕褐色且具黑褐色横斑。下体偏白，具深色纵纹或斑点。虹膜褐色；喙灰色，蜡膜浅黄；跗跖浅黄色。

【习性】栖息于保护区及周边开阔的山地平原、荒野等地带。尤喜在少树而多石的山丘、旷野地带活动。常单独或成对活动。捕食鸟类和小型兽类。

【鸣声】似游隼但较沙哑。

【保护现状】EN（IUCN）；国家一级保护野生动物。

灰背伯劳 *Lanius tephronotus*

— Grey-backed Shrike

雀形目 PASSERIFORMES
伯劳科 Laniidae

【特征】体长19.6～24.5厘米。雄鸟顶冠、颈背、背及腰灰色；粗大的过眼纹黑色，其上具白色眉纹；两翼黑色，具白色横纹；尾黑色而边缘白色；下体近白色。雌鸟及亚成鸟色较暗淡，下体具皮黄色鳞状斑纹。虹膜褐色；喙黑色；跗跖偏黑。

【习性】栖息于保护区及周边开阔原野，时而停在空中振翼。常把猎物挂在树刺上。常栖息在树梢的干枝或电线上，俯视四周以抓捕猎物。主要以昆虫为食，其中以蝗虫、蝼蛄、蚱蜢、金龟（虫甲）、鳞翅目幼虫及蚂蚁等为食最多，也吃鼠类和小鱼及杂草。

【鸣声】尖而清晰的"schrreea—"声及拖长的带鼻音叫声"eeh—"；也作粗哑的"ga—ga—ga"声。

【保护现状】LC（IUCN）。

青藏楔尾伯劳 *Lanius giganteus*

— Giant Grey Shrike

雀形目　PASSERIFORMES

伯劳科　Laniidae

【特征】体长25～31厘米，雌雄相似。尾较长，呈楔状，中央尾羽黑色，羽端具狭窄的白色翅斑，外侧尾羽白。过眼纹黑色，眉纹白色，两翼黑色且具粗的白色横纹，背部颜色较浅。虹膜褐色；喙灰色；跗跖黑色。

【习性】栖息于保护区及周边开阔地区灌丛的山地、丘陵、草原。常单独或成对活动。性凶猛，取食昆虫和小型鸟类。

【鸣声】尖而清晰的"schrreea—"声及拖长的带鼻音叫声"eeh—"；也作粗哑的"ga—ga—ga"声。

【保护现状】LC（IUCN）。

喜鹊 *Pica serica*

— Oriental Magpie

雀形目　PASSERIFORMES
鸦　科　Corvidae

【特征】体长40～50厘米，雌雄相似。头、颈、胸、上体、尾及尾下覆羽黑色，翅上具大型白斑，腹白色。虹膜褐色；喙黑色；跗跖黑色。

【习性】栖息于保护区多种生境，单独或集群活动。性大胆，会主动骚扰猛禽。食性广泛，主要以昆虫为食。

【鸣声】单调嘶哑的"chark—chark"声。

【保护现状】LC（IUCN）。

红嘴山鸦　*Pyrrhocorax pyrrhocorax*

— Red-billed Chough

雀形目　PASSERIFORMES

鸦　科　Corvidae

【特征】体长36~40厘米，雌雄相似。体羽黑色，具金属光泽。虹膜偏红；喙红色；跗跖红色。

【习性】栖息于保护区多种生境。常集群活动，用喙翻动植被和石块觅食。主要以昆虫及幼虫为食。

【鸣声】尖锐高声调的"keeach"声。

【保护现状】LC（IUCN）。

动物 FAUNA

渡鸦 *Corvus corax* LC

— Northern Raven

雀形目　PASSERIFORMES
鸦　科　Corvidae

【特征】体长63～70厘米，雌雄相似。鼻须长达喙的一半。体大，喙、头相对显小，喉、胸具针状长羽，体羽黑色，具紫蓝色金属光泽。虹膜深褐色；喙黑色；跗跖黑色。

【习性】栖息于保护区内多种生境。多集小群活动，可杀伤猛禽。主要取食小型啮齿类、小型鸟类、昆虫和腐肉等，也取食植物的果实，甚至人类活动的剩食等。

【鸣声】独特的深而空的嘎嘎叫声"honk pruk—pruk—pruk"有别于其他鸦类。

【保护现状】LC（IUCN）。

白眉山雀　*Poecile superciliosus*

— White-browed Tit

雀形目　PASSERIFORMES
山雀科　Paridae

【特征】体长13~14厘米，雌雄相似。白色眉纹连至前额，具醒目的黑色贯眼纹。额、头至后颈黑色，颊和耳羽沙棕色，颏、喉黑色，上体土褐色，下体沙棕色。虹膜褐色；喙黑色；跗跖略黑。

【习性】栖息于保护区及周边高海拔的高山灌丛、草甸。多成对或集小群活动，不惧人。

【鸣声】持续重复的多音节"ci—ci—piu—piu"声，双音节"piu—gu—piu—gu"声。

【保护现状】LC（IUCN）；国家二级保护野生动物。

动物　FAUNA

地山雀　*Pseudopodoces humilis*

— Ground Tit

雀形目　PASSERIFORMES
山雀科　Paridae

【特征】体长14～17厘米，雌雄相似。眼先暗色，上体沙褐色，颈圈皮黄色，飞羽灰褐色且具沙褐色羽缘，中央尾羽黑褐色，外侧尾羽皮黄色，下体污白色。虹膜深褐色；喙黑色，细长向下弯曲；跗跖黑色。

【习性】栖息于保护区及周边高海拔的草原、山坡，多见于有高原鼠兔的生境。集群在地面觅食活动，善跳跃，在土墙上打洞繁殖。以昆虫为食。

【鸣声】似"ju—i—ju"声。

【保护现状】LC（IUCN）。

大山雀 *Parus minor*

— Japanese Tit

雀形目 PASSERIFORMES

山雀科 Paridae

【特征】体长13～15厘米，雌雄相似。头及喉黑色，与脸侧白斑及颈背块斑成强对比。翼上具1道醒目的白色条纹，一道黑色带沿胸中央而下。

【习性】栖息于保护区及周边低山和山麓地带，冬季多下到山麓和邻近平原地带。主要以草籽和小型昆虫为食。

【鸣声】联络叫声为欢快的"pink tche—che—che"变奏。鸣声为吵嚷的哨音"chee—weet"或"chee—chee—choo"。

【保护现状】LC（IUCN）。

动物　FAUNA

长嘴百灵　*Melanocorypha maxima*　LC

— Tibetan Lark

雀形目　PASSERIFORMES
百灵科　Alaudidae

【特征】体长20～23厘米，雌雄相似。上体沙褐色，背部有深的褐色条纹，下体白色，胸棕白色，具暗色斑点。尾羽端白色，外侧尾羽白色。虹膜褐色；喙黄白色，喙端黑色；跗跖深褐色。

【习性】栖息于保护区及周边高海拔湖泊周围的草甸、草原或沼泽、河滩、河湾。常在地面觅食昆虫和种子。

【鸣声】甚细微的不连贯鸣声，间杂似鹨类的叫声。

【保护现状】LC（IUCN）。

亚洲短趾百灵 *Aladala cheleensis*

— Asian Short-toed Lark

雀形目 PASSERIFORMES
百灵科 Alaudidae

【特征】体长13~14厘米,雌雄相似。眼先、眉纹和眼周白色,颊和耳羽棕褐色。上体沙棕色且具黑褐色纵纹,下体皮黄色,胸侧具暗褐色纵纹,外侧尾羽白色。虹膜深褐色;喙角质,灰色,粗短;跗跖肉棕色。

【习性】除繁殖期成对活动外,其他时候多集群。栖息于保护区及周边草地,尤其喜欢湖泊及河流等水域附近的砂砾草滩和草地。主要以草籽、嫩芽等为食,也捕食昆虫,如蚱蜢、蝗虫等。

【鸣声】典型的飞行叫声为特征性轻吐音"prrrt"或"prrr—rrr—rrr"。

【保护现状】LC(IUCN)。

小云雀 *Alauda gulgula*

Oriental Skylark

雀形目 PASSERIFORMES
百灵科 Alaudidae

- 【特征】体长14～16厘米，雌雄相似。略具浅色眉纹及短冠羽。似云雀但体形较小，尾较短。虹膜褐色；喙尖端暗褐色，下嘴基部黄色，较细长；跗跖肉色。

- 【习性】栖息于保护区及周边草地、低山平地、河边、河滩等。除繁殖期成对活动外，多成群。主要在地面活动，善奔跑。取食昆虫和草籽。

- 【鸣声】具干涩机械的"drzz—"或"bazz bazz—"声。

- 【保护现状】LC（IUCN）。

角百灵 *Eremophila alpestris*

— Horned Lark

雀形目　PASSERIFORMES

百灵科　Alaudidae

【特征】体长16～19厘米。雄鸟额上方具2簇黑色角状饰羽。眼先、颊、耳羽和喙基黑色，眉纹白色与额、颈侧、喉部白色相连，形成近环状，下体白色，具明显的黑色胸带。雌鸟饰羽短、黑色浅，不突出于顶部，胸部横带明显细淡。虹膜褐色；喙灰色，上喙色较深；跗跖近黑色。

【习性】栖息于保护区及周边高原草地、高山草甸地区。非繁殖期集大群，善于在地面短距离奔跑。取食昆虫和草籽。

【鸣声】飞行时发出音高而忧郁的"siit—di—dit"。

【保护现状】LC（IUCN）。

淡色沙燕 *Riparia diluta*

— Pale Martin

雀形目 PASSERIFORMES
燕 科 Hirundinidae

【特征】体长12～13厘米，雌雄相似。上体灰褐色，喉灰色，尾部分叉浅。下体白色并具1道特征性褐色胸带。虹膜褐色；喙黑色；跗跖黑色。

【习性】筑巢于土壁上，于湿地上空集大群飞翔捕食。活动于保护区及周边湿地附近。食物以昆虫为主，常见种类有金龟子、蚊、姬蜂、虻、蚁、蝇、甲虫等。

【鸣声】沙哑且吵闹的"ji—ji"声。

【保护现状】LC（IUCN）。

岩燕 *Ptyonoprogne rupestris*

— Eurasian Crag Martin

雀形目 PASSERIFORMES

燕 科 Hirundinidae

【特征】体长11～13厘米，雌雄相似。颏、喉、胸污白色，颏、喉具暗褐色斑点，上体灰褐色，下胸和腹深沙棕色。尾羽短，浅叉形，尾下覆羽较腹羽暗。虹膜褐色；喙黑色；跗跖肉棕色。

【习性】栖息于保护区及周边的高山峡谷。巢营岩壁或山洞隐蔽处。大部分时间在天空展翅飞翔，多数情况下喜在湖泊、沼泽、鱼池、江河等的水面飞翔。食物主要为昆虫。

【鸣声】常边飞边叫，短促的"prrrt"声。

【保护现状】LC（IUCN）。

烟腹毛脚燕　*Delichon dasypus*

— Asian House Martin

雀形目　PASSERIFORMES
燕　科　Hirundinidae

【特征】体长11～13厘米，雌雄相似。上体蓝黑色且具金属光泽，翅下覆羽深灰色，下体灰白色，腰白色。尾叉状，尾下覆羽呈鳞状。虹膜褐色；喙黑色；跗跖粉红色，被白色羽至趾。

【习性】栖居于保护区周边高山峡谷地带，营巢于悬崖峭壁的凹处或建筑物上，喜结群在江河或溪流上空飞翔。捕食昆虫。

【鸣声】常边飞边叫，类似"prreet—"声的富有颤音的声音。

【保护现状】LC（IUCN）。

林柳莺 *Phylloscopus sibilatrix*

— Wood Warbler

雀形目 PASSERIFORMES

柳莺科 Phylloscopidae

[特征] 体长11.0～12.5厘米，雌雄相似。上体偏绿，眉纹、颏及胸部柠檬色，翼斑黄绿色，三级飞羽羽缘浅黄色，具狭窄的深色眼纹及黄色眼圈。尾平略凹。胸部黄色骤变为腹部的丝光白色。第一冬的鸟上体较成鸟略暗且喉部黄色较少。虹膜褐色；上喙深褐色，下喙肉黄色；跗跖浅黄色。

[习性] 栖息于保护区及周边高山灌丛，常在树冠层活动，呈典型的下蹲姿势。繁殖期极善鸣叫。主要以鱼、蛙、虾、水生昆虫等动物性食物为食。

[鸣声] 流水般的"tiuh—"及轻柔的"wit—wit—wit"声；鸣声为一连串清脆的"zip"声加速成金属颤音。

[保护现状] LC（IUCN）。

黄腹柳莺 *Phylloscopus affinis*

Tickell's Leaf Warbler

雀形目 PASSERIFORMES
柳莺科 Phylloscopidae

【特征】体长10～11厘米，雌雄相似。具有鲜黄色的长眉纹，前半段尤明显，贯眼纹较宽。下体黄色较鲜艳，具明显的胸带。虹膜褐色；上喙黑褐色，下喙基本浅褐色；跗跖棕褐色。

【习性】栖息于高山灌丛处。常单独或成对活动，灵敏活泼。以鳞翅目、膜翅目、双翅目等昆虫及幼虫为食。

【鸣声】鸣唱为快速的轻柔的成串"chip—chip—chip—chip……"声；鸣叫为"chep"声。

【保护现状】LC（IUCN）。

花彩雀莺 *Leptopoecile sophiae*

— White-browed Tit Warbler

雀 形 目 PASSERIFORMES
长尾山雀科 Aegithalidae

【特征】体长9～12厘米。雄鸟胸及腰紫罗兰色，尾蓝色，眼罩黑色，眉纹白色，头顶棕红色。雌鸟色较淡，上体黄绿色，腰部蓝色甚少，下体近白色，眉纹白色，无冠羽。虹膜红色；喙黑色；跗跖灰褐色。

【习性】栖息于保护区及周边高山灌丛和草地，多集小群觅食，行动敏捷，有时与其他鸟类混群活动。主要以昆虫为食。

【鸣声】短促高频的"si—si—si"声；鸣叫为较粗厉的"cher—cher"声。

【保护现状】LC（IUCN）。

红翅旋壁雀 *Tichodroma muraria* LC

— Wallcreeper

雀形目　PASSERIFORMES
䴓　科　Sittidae

- 【特征】体长13～18厘米。雌雄相似。上体灰色，翼具绯红色翼斑，尾短且飞羽基部有大白斑。雄鸟繁殖期喉及脸黑色，非繁殖期喉灰白色。虹膜深褐色；喙黑色，细长略下弯；跗跖棕黑色。

- 【习性】栖息于保护区及周边悬崖和陡坡壁上，大多时间都在岩壁上活动，将喙深入岩缝中觅食。常单独活动，偶尔结成两三只的小群。主要以昆虫和昆虫幼虫为食，也吃少量蜘蛛和无脊椎动物。

- 【鸣声】尖细的"ji—i"声。

- 【保护现状】LC（IUCN）。

河乌 *Cinclus cinclus* LC

— White-throated Dipper

雀形目　PASSERIFORMES
河乌科　Cinclidae

【特征】体长16~20厘米，雌雄相似。颏、喉、胸为白色，头、后颈、背棕褐色，余部褐色，部分个体胸口为灰褐色。虹膜红褐色；喙近黑色；跗跖褐色。

【习性】单个或成对栖息活动于山涧河流中，沿河流上下飞行，从不到河流两岸的树上歇息，常沿河谷贴着水面，快速飞行觅食，潜水能力强。在石头上停歇时常上下点头，并快速上下摆尾。主食水生昆虫及其他幼虫，也以水生小型无脊椎动物为食。此外，也吃野生植物的种子、树叶等。

【鸣声】鸣声干涩、单调而刺耳，飞行时发出"zizi"声。

【保护现状】LC（IUCN）。

灰椋鸟 *Spodiopsar cineraceus* LC

White-cheeked Starling

雀形目 PASSERIFORMES
椋鸟科 Sturnidae

【特征】体长19~23厘米。雄鸟头黑色，头侧具白色纵纹，臀、外侧尾羽羽端及次级飞羽具白色狭窄横纹。雌鸟色浅而暗。虹膜偏红；喙黄色，尖端黑色；跗跖暗橘黄色。

【习性】飞行疾速，常成群飞行，飞行时身体呈三角状，并有波状的起伏。产卵于天然树穴或偏僻地区的崖岩上。集群活动，在地面行走觅食。性杂食，夏间大都捕取甲虫、蚱蜢、其他昆虫及其幼虫等为食，而在冬间则主要啄食野生植物的果实和种子。

【鸣声】单调的"chir—chir—chay—cheet—cheet"声。

【保护现状】LC（IUCN）。

紫翅椋鸟 *Sturnus vulgaris*

— Common Starling

雀形目　PASSERIFORMES
椋鸟科　Sturnidae

【特征】体长19～22厘米，雌雄相似。繁殖期体羽黑色且具紫色金属光泽，背部羽端具黄白色点斑，翅、尾黑色，胁及尾下覆羽具白斑，非繁殖期羽除两翅和尾外，上体各羽端具褐白色斑点，下体具白色斑点。虹膜深褐色；喙黄色；跗跖略带红色。

【习性】栖息于保护区及周边山地等开阔地带。集群活动。杂食性，以害虫为食，但在秋季也聚集在灌丛等地觅食。

【鸣声】叫声为沙哑的刺耳音及哨音。

【保护现状】LC（IUCN）。

棕背黑头鸫 *Turdus kessleri*

— White-backed Thrush

雀形目 PASSERIFORMES
鸫 科 Turdidae

【特征】 体长25～28厘米。雄鸟头、颈、喉、胸、翼及尾黑色,上背皮黄白色延伸至胸带,体羽其余部位栗色。雌鸟比雄鸟色浅,头颈羽色明显深于背部,耳羽处可见浅色细纹。虹膜褐色;喙黄色;跗跖褐色。

【习性】 栖息于保护区及周边草地、多岩石的开阔地带。常成对或成小群活动。主要以昆虫和昆虫幼虫为食。

【鸣声】 较少鸣叫。叫声较短,不连贯,鸣唱较圆润,但语句亦很短。

【保护现状】 LC(IUCN)。

赤颈鸫 *Turdus ruficollis* LC

— Red-throated Thrush

雀形目　PASSERIFORMES
鸫　科　Turdidae

【特征】体长22～25厘米。颏、喉与上胸赤褐色。上体灰褐色,有很窄的栗色眉纹。下体白色,分界明显,外侧尾羽红栗色,中央两枚尾羽黑色。雌鸟具浅色眉纹,下体多纵纹。虹膜褐色;喙黄色,尖端黑色;跗跖褐色。

【习性】栖息于保护区及周边山坡草地。成松散群体,有时与其他鸫类混合。在地面时作并足长跳。主要以昆虫和昆虫幼虫为食。

【鸣声】鸣唱为短促的"wei—wei"声以及"che—che"声。

【保护现状】LC(IUCN)。

赭红尾鸲 *Phoenicurus ochruros*

— Black Redstart

雀形目 PASSERIFORMES
鹟　科 Muscicapidae

【特征】体长14～15厘米。雄鸟大体黑红两色，头、颈、胸、背黑色，飞羽、中央尾羽黑褐色，余部棕红色。雌鸟橄榄褐色，下体略浅，无翼斑。雌鸟与北红尾鸲相似，但无白色翼斑，皮黄色眼圈不甚明显。虹膜褐色；喙黑色；跗跖略黑。

【习性】栖息于保护区及周边多石的草原、河滩地。平时多单独活动。主要以甲虫、蝗虫、毛虫、蚂蚁、鳞翅目幼虫等昆虫为食，也吃少量植物果实与种子。

【鸣声】较大的"vit—vit—t—t—t—t"声。

【保护现状】LC（IUCN）。

黑喉红尾鸲 *Phoenicurus hodgsoni*

— Hodgson's Redstart

雀形目 PASSERIFORMES
鹟 科 Muscicapidae

【特征】体长13～16厘米。雄鸟颏、喉、胸黑色，前额白色，头顶至背黑灰色，翅暗褐色且具小块白色翅斑，下体棕色。雌鸟眼周白色，上体和两翅灰褐色，腰至尾棕色，下体褐色。与北红尾鸲的区别在头顶前部及翼斑白色，且斑小而呈三角形。虹膜褐色；喙黑色；跗跖近黑色。

【习性】栖息于保护区及周边高海拔河谷、草甸等。在空中飞捕昆虫为食。

【鸣声】尖锐的"zi—zi"声，鸣唱简单，节奏轻快。

【保护现状】LC（IUCN）。

北红尾鸲 *Phoenicurus auroreus*

— Daurian Redstart

雀形目　PASSERIFORMES
鹟　科　Muscicapidae

【特征】体长13~15厘米。具明显而宽大的白色翼斑。雄鸟顶、枕、后颈部灰白色，脸、喉部黑色，背、翅黑色，仅翼斑白色，腰、腹橙红色。雌鸟橄榄褐色，下体略浅，具白色翼斑，尾羽黑褐色，外侧尾羽橙红色。虹膜褐色；喙黑色；跗跖黑色。

【习性】夏季栖息于保护区及周边高山空地，冬季栖息于低地耕地。常立于突出的栖处，尾颤动不停。主要以甲虫、蝗虫、毛虫、蚂蚁、鳞翅目幼虫等昆虫为食，也吃少量植物果实与种子。

【鸣声】鸣叫为富有节奏的"ji—ji—ji—ji"声，音量大，鸣唱语句较短，带有颤音。

【保护现状】LC（IUCN）。

红腹红尾鸲 *Phoenicurus erythrogastrus*

— White-winged Redstart

雀形目　PASSERIFORMES
鹟　科　Muscicapidae

【特征】体长15～17厘米。雄鸟头顶及颈背白色沾灰色，翼斑大。雌鸟褐色，无白翼斑，腹部及尾下覆羽皮黄色。虹膜褐色；喙黑色；跗跖黑色。

【习性】栖息于保护区及周边高海拔的草甸、裸岩区。单独或集小群活动。主要以昆虫为食，也吃小型无脊椎动物和少量植物果实与种子。

【鸣声】短暂清脆的"tsi—"声。

【保护现状】LC（IUCN）。

白顶溪鸲 *Phoenicurus leucocephalus*

— White-capped Water-redstart

雀形目 PASSERIFORMES
鹟 科 Muscicapidae

[特征] 体长18～19厘米。雌雄同色。头顶及颈背白色，前额、眼先、眼上、头侧至背部亮黑色，腰、尾基部、腹部栗红色。虹膜褐色；喙黑色；跗跖黑色。

[习性] 栖息于保护区及周边多岩石的山间河谷溪流，有时见于干涸的河床。垂直迁徙。求偶时摆动头部炫耀。主要在水面捕捉小型无脊椎动物。

[鸣声] 鸣唱为悠扬起伏的哨音"tieu—yieu—yieu—yieu"。示警时为尖锐的长音"tseeit—"。

[保护现状] LC（IUCN）。

黑喉石䳭　*Saxicola maurus*

— Siberian Stonechat

雀形目　PASSERIFORMES
鹟　科　Muscicapidae

【特征】体长12～15厘米。繁殖期雄鸟头部及飞羽黑色，背黑褐色，颈及翼上具粗大的白斑，腰白色，胸棕红色，腹部沾红色。雌鸟褐色而无黑色，下体皮黄色，翼上具白斑。非繁殖期羽色暗淡，黑色部分呈黑褐色。虹膜褐色；喙黑色；跗跖近黑色。

【习性】栖息于保护区及周边开阔的低山、丘陵、平原、草地、沼泽。常单独或成对活动。主要以昆虫、无脊椎动物，以及少量植物果实和种子为食。

【鸣声】单调而具颤音的"dada"声。

【保护现状】LC（IUCN）。

鸲岩鹨 *Prunella rubeculoides* LC

— Robin Accentor

雀形目　PASSERIFORMES
岩鹨科　Prunellidae

【特征】体长14~17厘米，雌雄相似。头、颊、喉、颈为灰褐色，背、肩、腰棕褐色且具黑色纵纹，两翅褐色且具白色翅斑，胸红棕色，其余下体白色。虹膜红褐色；喙近黑色；跗跖暗红褐色。

【习性】栖息于保护区及周边高山草甸、草坡、河滩、牧场等高寒山地生境。集小群活动。以鳞翅目、鞘翅目昆虫和草籽等为食。

【鸣声】细碎而短促的颤音，似"tsi—tsi—tsi" "qiu—qiu"，时缓时急。

【保护现状】LC（IUCN）。

褐岩鹨　*Prunella fulvescens*

— Brown Accentor

雀形目　PASSERIFORMES
岩鹨科　Prunellidae

- 【特征】体长13～16厘米，雌雄相似。眼先、颊、耳羽黑色，眉纹白色且长而宽，喉和下体为均匀的皮黄色。腹中部较淡，几乎无纵纹，背、肩灰褐或棕褐色，具暗褐色纵纹。腰和尾上覆羽淡褐色且无纵纹，尾褐色且具淡色羽缘。虹膜浅褐色；喙近黑色；跗跖浅红褐色。

- 【习性】栖息于保护区及周边高原草地、牧场和高山裸岩草地。繁殖期成对活动，非繁殖期多集群。主要以甲虫、蛾、蚂蚁等昆虫为食，也食植物果实、种子和草籽等。

- 【鸣声】鸣唱为短促的低音颤鸣；报警时作微弱的嘟声；鸣叫声"ziet—ziet—ziet"。

- 【保护现状】LC（IUCN）。

麻雀 *Passer montamus*

— Eurasian Tree Sparrow

雀形目 PASSERIFORMES
雀 科 Passeridae

- 【特征】体长12～15厘米，雌雄相似。额、头顶至后颈栗褐色，脸颊白色，耳部有一黑斑，颏、喉黑色，颈背有白色领环。下体污白色。与其他鸟相比，脸颊具明显黑色点斑且喉部黑色较少。虹膜深褐色；喙基黄色，喙部其余黑色；跗跖粉褐色。

- 【习性】栖息于保护区及周边有稀疏树木的地区、居民点及草原。结成十几只或几十只的小群一起活动。杂食性。

- 【鸣声】单调的"jiu—jiu"声，繁殖前期有吵嚷、复杂的鸣唱。

- 【保护现状】LC（IUCN）。

石雀 *Petronia petronia* LC

— Rock Sparrow

雀形目　PASSERIFORMES
雀　科　Passeridae

【特征】体长12~15厘米，雌雄相似。有浅色的顶冠纹和深色的侧冠纹，喉有黄斑。上体灰褐色，下体灰白色且具浅褐色纵纹。眉纹浅褐色，过眼纹深色。虹膜深褐色；喙灰色，其中，下喙基黄色；跗跖粉褐色。

【习性】多在保护区及周边岩石上、峡谷中、碎石坡地等处活动。结大群栖居且常与麻雀在一起。于地面奔跑及并足跳动，飞行力强。食物主要是草和草籽，也吃谷物、水果、浆果和昆虫。

【鸣声】单调的"jiu—jiu"声，繁殖前期有吵嚷、复杂的鸣唱。

【保护现状】LC（IUCN）。

藏雪雀 *Montifringilla henrici*

— Tibetan Snowfinch

雀形目 PASSERIFORMES
雀　科 Passeridae

- 【特征】体长16~18厘米，雌雄相似。似白斑翅雪雀，但本种头、枕为棕褐色，翅上白斑较小，胁部褐色，整体颜色更深。虹膜深褐色；下喙黄色；跗跖黑色。

- 【习性】栖于保护区及周边多岩山坡。繁殖期外结成大群，与其他雪雀及岭雀混群。甚不惧生。以草籽、果实、种子、叶芽等为食，也食甲虫、鳞翅目幼虫等昆虫和其他小型无脊椎动物。

- 【鸣声】单调清脆，但音调较低，似"jie—jie—jie"声。

- 【保护现状】LC（IUCN）。

褐翅雪雀 *Montifringilla adamsi*

— Black-winged Snowfinch

雀形目　PASSERIFORMES

雀　科　Passeridae

【特征】体长14～18厘米，雌雄相似。头灰褐色，颏、喉部有黑斑。上体灰褐色且具暗色羽干斑，翅上白斑较小，下体白色沾黄褐色。中央尾羽黑色，外侧尾羽白色。虹膜褐色；喙黑色（繁殖期）或黄色而端黑色；跗跖黑色。

【习性】栖息于保护区及周边高原裸露的岩石地带。常成对或集小群活动于地面取食，秋、冬季节集群较大。求偶时炫耀飞行，似蝴蝶。以草籽、果实、种子、叶芽等植物性食物为食，也吃昆虫等动物性食物。

【鸣声】鸣唱为单调的单音重复，鸣叫为偏高的"pink—pink"声及较轻柔的"mi—"声。

【保护现状】LC（IUCN）。

白腰雪雀 *Onychostruthus taczanowskii*

— White-rumped Snowfinch

雀形目 PASSERIFORMES
雀　科 Passeridae

[特征] 体长14~18厘米，雌雄相似。整体灰白色，头顶灰褐色，前额及眉纹白色，眼先黑色。上体灰褐色或沙褐色、具暗黑色纵纹。腰具特征性的白色斑，尾黑褐色，外侧尾羽白色。下体白色。幼鸟多沙褐色，腰无白色。成鸟较其他雪雀色淡，且比其他雪雀大。虹膜褐色；喙黄色，喙端黑色；跗跖黑色。

[习性] 栖息于保护区及周边海拔较高的高山草地、草原。冬季进行小范围的游荡或垂直迁徙，成群在雪地上，有时也到居民点附近牲畜棚中活动和觅食，善于在地上奔跑、跳跃。主要以草籽、植物种子等植物性食物为食，也吃昆虫等动物性食物，特别是繁殖期间喜吃昆虫。

[鸣声] 似"duid—duid"或"jie—jie—jie"声。

[保护现状] LC（IUCN）。

棕颈雪雀 *Pyrgilauda ruficollis*

— Rufous-necked Snowfinch

雀形目　PASSERIFORMES
雀　科　Passeridae

【特征】体长14~16厘米，雌雄相似。前额黑色，眉纹白色，具黑色过眼纹，脸侧近白，颏及喉白色，髭纹黑，后颈、颈侧和胸侧棕色，较其他雪雀棕色较重。上体灰褐色或沙褐色，具黑褐色纵纹，下体白色。幼鸟色较黯淡，但较淡栗色的耳羽已可见。虹膜褐色；喙黑色或偏粉色，喙端深色（幼鸟）；跗跖黑色。

【习性】栖息于保护区及周边高山、草原、裸岩等地带。喜站在较高的地方鸣叫，甚不惧人。飞行弱且低。冬季与其他雪雀混群。集群活动。多以昆虫为食，所食昆虫大部分为草原害虫，是一种草原益鸟。

【鸣声】似不断重复的"duuid—"声或"dooid—"声，见人时则发出"jie—jie—jie"的警戒声。

【保护现状】LC（IUCN）。

黄头鹡鸰 *Motacilla citreola*

— Citrine Wagtail

雀形目 PASSERIFORMES
鹡鸰科 Motacillidae

[特征] 体长16~20厘米。头及下体艳黄色。背黑色或灰色，翅暗褐色，具白斑。上体黑色或深灰色，下体黄色。尾黑褐色，外侧尾羽白色。虹膜深褐色；喙黑色；跗跖近黑色。

[习性] 栖息于保护区及周边各水域岸边，喜沼泽草甸、草原。以甲虫、鳞翅目幼虫、蚁、蜘蛛、蝇类等昆虫为食。

[鸣声] 鸣叫为短促干涩的"trzz—trzz"声；鸣唱简单单调，偶有插入几个高音。

[保护现状] LC（IUCN）。

白鹡鸰 *Motacilla alba* LC

White Wagtail

雀形目　PASSERIFORMES
鹡鸰科　Motacillidae

【特征】体长17~20厘米。前额和两颊白色，头顶和后颈黑色，颏、喉黑或白色，胸口具标志性的黑色倒三角斑块。背、肩灰色或黑色，两翅黑色且具白色翼斑。下体白色，尾长而窄、黑色，两对外侧尾羽白色。雌鸟似雄鸟，但色较暗。虹膜褐色；喙黑色；跗跖黑色。

【习性】栖息于保护区及周边草地、沼泽地、水边等开阔地带。常单独或成对或呈3~5只的小群活动。主要以昆虫为食，也吃蜘蛛等其他无脊椎动物，偶尔也吃植物种子、浆果等植物性食物。

【鸣声】响亮而尖细的"zi—zi"声。

【保护现状】LC（IUCN）。

林岭雀 *Leucosticte nemoricola* LC

— Plain Mountain Finch

雀形目　PASSERIFORMES
燕雀科　Fringillidae

【特征】体长14~17厘米，雌雄相似。上体褐色，具深色纵纹，眉纹色浅，具白色或乳白色的细小翼斑，两翅和尾黑褐色，凹形的尾无白色。与高山岭雀的区别在于头色较浅，腰部羽端无粉色。虹膜深褐色；喙角质色；跗跖灰色。

【习性】栖息于保护区及周边海拔较高的高山草甸、灌丛和流石滩。喜大群活动与开阔生境，觅食于地面，惊飞至树上或在空中大群翻飞。以各种野生植物种子、植物芽及昆虫为食。

【鸣声】喧闹似麻雀的"tur—tur—tur"声。

【保护现状】LC（IUCN）。

高山岭雀 *Leucosticte brandti*

— Brandt's Mountain Finch

雀形目 PASSERIFORMES

燕雀科 Fringillidae

【特征】 体长15~17厘米，雌雄相似。头部色深，腰偏粉色。颈背及上背灰色，覆羽明显为浅色。较其他雪雀的色彩较深。虹膜深褐色；喙灰色；跗跖深褐色。

【习性】 栖息于海拔较高的沟谷和山地。集群活动与其他鸟种混群。以野生植物的种子和浆果为食。

【鸣声】 较弱的颤音。

【保护现状】 LC（IUCN）。

拟大朱雀 *Carpodacus rubicilloides*

— Streaked Rosefinch

雀形目　PASSERIFORMES
燕雀科　Fringillidae

【特征】体长19～20厘米。两翼及尾长，上体纵纹较多，颜色较深。繁殖期雄鸟的脸、额及下体深红色，顶冠及下体具白色纵纹，颈背及上背灰褐色而具深色纵纹，仅略沾粉色，腰粉红色；雌鸟灰褐色而密布纵纹。雄鸟与普通朱雀的区别在于整体红色淡。虹膜深褐色；喙角质粉色；跗跖近灰色。

【习性】栖息于保护区及周边高海拔的草甸、草地等地带。成对或集小群活动。以草籽、植物叶子等为食。

【鸣声】鸣声似"ju—ju—juli—juli"的颤音。

【保护现状】LC（IUCN）。

大朱雀 *Carpodacus rubicilla*

— Great Rosefinch

雀形目 PASSERIFORMES

燕雀科 Fringillidae

[特征] 体长19～20厘米。雄鸟通体玫红色，头部颜色更深，两翅和尾红色少而呈灰褐色，头、胸、腹具白色点斑。雌鸟无粉色，下体具浓密纵纹，但上背纵纹较细。虹膜深褐色；喙角质，黄色；跗跖深褐色。

[习性] 栖息于保护区及周边高海拔的草甸、灌丛、裸岩。成对或集小群活动，觅食于地面，性机警。以植物种子、草籽、绿色植物及花蕊、昆虫等为食。

[鸣声] 扬抑的"jiu—jiu—"声。

[保护现状] LC（IUCN）。

黄嘴朱顶雀 *Linaria flavirostris*

— Twite

雀形目 PASSERIFORMES
燕雀科 Fringillidae

【特征】体长12.5～14.0厘米。头顶无红色点斑。雄鸟头褐色较浓,颈背及上背多纵纹,翼上及尾基部的白色较少,腰粉色或近白色,体羽色深而多褐色,尾较长;雌鸟羽毛似雄鸟,但腰部淡皮黄色而近白色,并有淡褐色纵纹。虹膜深褐色;喙黄色;跗跖近黑色。

【习性】栖息于保护区及周边高山和高原草甸、岩石坡等地带,冬季下到低海拔地区。喜集群活动。植食性,以植物种子为食。

【鸣声】飞行叫声为带鼻音的"jiu—jiu"声。鸣声为叫声的延伸及"jiqiu—"颤音。

【保护现状】LC(IUCN)。

灰眉岩鹀 *Emberiza godlewskii* LC
— Godlewski's Bunting

雀形目　PASSERIFORMES
鹀　科　Emberizidae

- 【特征】雌鸟似雄鸟但色淡，贯眼纹和侧贯纹棕褐色。虹膜深红褐色；喙灰色，喙端近黑色，下喙基黄色或粉色；跗跖橙褐色。
- 【习性】栖息于保护区及周边裸露的低山丘陵、高山和草原等开阔地带的岩石荒坡、草地和灌丛中。以草籽、果实、种子、昆虫及昆虫幼虫等为食。
- 【鸣声】叫声为细而拖长的"tzii—"及生硬的"pett—pett"声。
- 【保护现状】LC（IUCN）。

FLORA

植物

山生柳 *Salix oritrepha*

杨柳科 Salicaceae
柳　属 *Salix*

- 【特征】直立矮小灌木，高0.6～1.2米。幼枝有灰绒毛，后无毛。叶椭圆形或卵圆形，叶片基部有柔毛，背面灰色或稍苍白色，表面绿色；叶柄紫色。雄花序圆柱形，花丝离生，有腺体；雌花密生，花序轴有柔毛。花期6月，果期7月。

- 【生境】生于海拔4100～4300米的山谷、山坡、草地中。

- 【用途】茎、枝皮、叶治肺脓疡、脉管肿胀、寒热水肿、斑疹、麻疹不透、风寒湿痹疼痛、皮肤瘙痒；果穗治风寒感冒、湿疹。

高原荨麻 *Urtica hyperborea*

荨麻科　Urticaceae
荨麻属　*Urtica*

[特征] 多年生草本，高10～50厘米。节间密，干时禾秆色并带紫色，具刺毛和疏生微柔毛。叶卵形或心形，两面有刺毛；钟乳体点状；托叶每节4枚，离生，长圆形，向下反折。花序短穗状，雌雄同株或异株。瘦果卵形，压扁，光滑；宿存花被干膜质，被稀疏的微糙毛，在中肋上有刺毛。花期6—7月，果期8—9月。

[生境] 生于海拔4200～5200米的山坡、草滩、岩石缝隙。

[用途] 茎皮纤维可作纺织原料，也可供制麻绳。

三角叶荨麻 *Urtica triangularis*

荨麻科 Urticaceae
荨麻属 *Urtica*

[特征] 多年生草本，高60～150厘米。茎四棱形，疏生刺毛和细糙毛。叶狭三角形至三角状披针形。花雌雄同株，雄花序圆锥状，生于下部叶腋，开展；雌花序近穗状，生上部叶腋，直立或斜展；雄花具短梗或近无梗，裂片长圆状卵形；雌花小，近无梗。瘦果卵形，稍压扁，熟时褐色，表面有带红色的疣点和不明显的疏微毛。花期6—8月，果期8—10月。

[生境] 生于海拔4100米以上的山谷湿润处或半阴山坡灌丛路旁、房侧等处。

[用途] 嫩叶可食；枝叶可作饲料；全草入药，有祛风湿、解痉、活血之效。

冰岛蓼 *Koenigia islandica*

蓼　　科　Polygonaceae
冰岛蓼属　*Koenigia*

[特征]　一年生草本，高3～7厘米。茎多分枝，柔弱，无毛，红褐色。叶宽椭圆形或倒卵形；托叶鞘短，膜质，褐色。花簇生于叶腋；花被3深裂，黄绿色；雄蕊3。瘦果长卵形，双凸镜状，黑褐色。花期7—8月，果期8—9月。

[生境]　生于海拔4100～4900米的河滩、山坡、冷湿草甸、沙土地。

[用途]　全草入药，治疗热性虫病、肾炎水肿、脑病。

西伯利亚蓼 *Knorringia sibirica*

蓼　　　科　Polygonaceae
西伯利亚蓼属　*Knorringia*

【特征】多年生草本，高10～25厘米。根状茎细长；茎自基部分枝，外倾或直立，无毛。叶片长椭圆形或披针形。花序圆锥状，顶生，由数个花穗组成；苞片漏斗状，花被5深裂，淡绿色。瘦果卵状长圆形，具3棱，黑色，有光泽。花果期6—9月。

【生境】生于海拔4100～5100米的草甸、路边、湖边、河滩。

【用途】根茎入药，有疏风清热，利水消肿之效。

细叶西伯利亚蓼 *Knorringia sibirica* subsp. *thomsonii*

蓼　　科　Polygonaceae

西伯利亚蓼属　*Knorringia*

【特征】与原变种西伯利亚蓼的区别是，植株矮小，高2～5厘米；叶极狭窄，线形，长2～4厘米，宽1.5～2.5毫米；花序较小。

【生境】生于海拔4100～5100米的湖边、河滩、盐碱地。

【用途】全草入药，有利水渗湿、清热解毒之效。

小大黄 *Rheum pumilum*

蓼科 Polygonaceae

大黄属 *Rheum*

[特征] 多年生草本,高10~25厘米。根粗壮,肉质,黄褐色,萝卜形,外皮多横皱纹。茎单一或多数生于根茎或分枝顶端,被柔毛。叶多基生,具柄,叶片长圆状卵形至宽卵形,顶端圆钝;叶柄被短毛;托叶鞘短,光滑无毛。窄圆锥状花序,具稀短毛,花2~3朵簇生,关节在基部;花被不开展,花被片椭圆形或宽椭圆形,边缘为紫红色。果实三角形或角状卵形。种子卵形。花期6—7月,果期8—9月。

[生境] 生于海拔4100~4500米的高山流石坡、高山草甸、高山灌丛地。

[用途] 全草药用,有泻肠胃积滞、实热,下瘀血,消痈肿之效,主治食积停滞、脘腹胀痛、实热内蕴、大便秘结、急性阑尾炎、黄疸、经闭、痈肿、跌打损伤等。

穗序大黄 *Rheum spiciforme*

蓼 科 Polygonaceae
大黄属 *Rheum*

[特征] 多年生无茎草本,高10～30厘米。根粗大,肥厚。叶基生,卵圆形或宽卵状椭圆形,顶端圆钝,边缘不规则浅波状,背面常紫红色。穗状花序数枚基生;花被片长圆形,淡绿色或稍带淡紫色;花药黄色。瘦果宽卵状长圆形,顶端微凹。花期6月,果期7—8月。

[生境] 生于海拔4100～5000米的高山碎石坡、河滩沙砾地。

[用途] 根入药,有燥湿解毒、健胃化积之效。

卵果大黄 *Rheum moorcroftianum*

蓼科 Polygonaceae

大黄属 *Rheum*

【特征】铺地矮小草本,无茎。基生叶呈莲座状,叶片革质,卵形或三角状卵形,叶上面绿色,下面常暗紫色,两面光滑无毛,偶于叶下面脉上具稀乳突毛。穗状的总状花序,花黄白色或稍带红色。果实卵形或宽卵形,纵脉在中间,幼果期淡紫红色。种子卵形。花期7月,果期8—9月。

【生境】生于海拔4100～5300米的山坡砂砾地带、河滩草甸。

【用途】根茎及根入药,有清热泻下、消肿止痛、消炎止血之效,用于治疗疮疖痈肿。

皱叶酸模 *Rumex crispus*

蓼　科　Polygonaceae
酸模属　*Rumex*

【特征】　多年生草本，高40～120厘米。根粗壮，棕黄色。茎直立，中空，具沟纹。基生叶披针形或狭披针形，顶端急尖，基部楔形，边缘皱波状；茎生叶较小，狭披针形；托叶鞘膜质，易破裂。花序狭圆锥状；花两性。瘦果卵形，暗褐色，有光泽。花期6月，果期7—8月。

【生境】　生于海拔4100米以上的路边、沟边、宅旁荒地。

【用途】　根、叶入药，有清热解毒、止血、通便、杀虫之效。

萹蓄 *Polygonum aviculare*

蓼　科　Polygonaceae
萹蓄属　*Polygonum*

【特征】一年生草本，高10～40厘米。茎平卧或斜生，由基部分枝，绿色，有纵沟纹。叶片长圆形，全缘，蓝绿色；托叶鞘筒状，膜质，下部褐色，上部白色，多裂。花单生或数朵簇生于叶腋，遍布于植株；花被深裂，绿色，边缘淡红色或白色。瘦果卵状，有3棱，褐色或黑色。花果期6—9月。

【生境】生于海拔4100米以上的沼泽地、草地、山坡、路边等。

【用途】全草供药用，有通经利尿、清热解毒之效。

珠芽蓼 *Bistorta vivipara*

蓼　科　Polygonaceae
拳参属　*Bistorta*

[特征]　多年生草本，高15～60厘米。根状茎粗壮，弯曲，黑褐色；茎直立，不分枝。基生叶和下部茎叶有柄，叶片长圆形或卵状披针形；茎生叶较小披针形，近无柄。花序穗状，顶生；花被5深裂，白色或淡紫红色，花被片椭圆形。瘦果卵状三棱形，深紫褐色。花期6—8月，果期7—9月。

[生境]　生于海拔4100～5100米的高寒草甸、河滩、灌丛。

[用途]　根茎入药，有抑菌、抗菌、消炎、抗病毒之效；茎叶嫩时可作饲料；有改良土壤、调节气候、保持水土与生态修复的作用。

圆穗蓼 *Bistorta macrophylla*

蓼　科　Polygonaceae

拳参属　*Bistorta*

[特征] 多年生草本，高8~30厘米。根状茎粗壮，弯曲；茎直立，不分枝，2~3条丛生或单生。基生叶长圆形或披针形，边缘叶脉增厚，外卷；茎生叶较小，狭披针形或线形。穗状花序顶生；花被淡红色或白色，5深裂，花药黑紫色。瘦果卵状三棱形，黄褐色。花期7—8月，果期8—9月。

[生境] 生于海拔4100~5000米的高山草甸、河滩、灌丛。

[用途] 全草治胃病、胃寒消化不良、血痢、发烧、寒性腹泻；高寒地区的优良牧草。

平卧轴藜 *Axyris prostrata*

苋　科　Amaranthaceae

轴藜属　*Axyris*

[特征] 一年生草本，高2～8厘米，茎枝平卧或上升，密被星状毛，后期毛大部脱落。叶柄几与叶片等长，叶片宽椭圆形、卵圆形或近圆形，全缘，两面均被星状毛，中脉不明显。雄花花序头状，花被片3～5，倒卵形雄蕊3～5，与花被片对生，伸出被外；雌花花被片3，膜质，被毛。果实圆形或倒卵圆形，侧扁。花果期7—8月。

[生境] 生于海拔4100米以上的河谷、阶地、多石山坡、草滩。

[用途] 全草入药，有祛风止痒之效。

小果滨藜 *Microgynoecium tibeticum*

苋　　　科　Amaranthaceae
小果滨藜属　*Microgynoecium*

[特征] 小型草本，高8~25厘米。茎自基部分枝，常外倾或平卧。叶宽卵形、卵形或菱状卵形。雄花隐于枝端叶腋；花被浅褐色，裂至中部，裂片三角形，有粉粒；雄蕊1~4，着生于花被基部，花丝伸出于花被外，花药宽椭圆形；雌花1~7个簇生于叶状苞片腋部；花被极微小，裂片丝状。胞果斜卵形，黑褐色。种子有光泽；胚淡绿色或带褐色。花果期7—9月。

[生境] 生于海拔4100米以上的高山地带。

[用途] 全草入药，有清热解毒、消炎止痛之效；有防风固沙、生态修复的作用。

藜 *Chenopodium album*

苋科　Amaranthaceae
藜属　*Chenopodium*

【特征】一年生草本，高30～150厘米。茎直立，表面具条棱，有时带紫红色。单叶互生，叶片菱状卵形或卵状披针形，边缘具不整齐锯齿。花两性，穗状圆锥花序；花被片5，雄蕊5，柱头2。胞果扁圆球形或双凸镜形，果皮膜质。种子棕褐色或黑褐色，表面具浅沟纹。花果期5—10月。

【生境】生于海拔4100米以上的地边、路旁、荒地。

【用途】幼苗可作蔬菜用；茎、叶可喂家畜；全草又可入药，有止泻痢、止痒之效，可治痢疾、腹泻。

甘肃雪灵芝 *Eremogone kansuensis*

石竹科　Caryophyllaceae
老牛筋属　*Eremogone*

[特征] 多年生垫状草本，高4～5厘米。主根粗壮，木质化，下部密集枯叶。叶片针状线形，基部稍宽，抱茎，边缘狭膜质，下部具细锯齿，稍内卷，顶端急尖，呈短芒状，紧密排列于茎上。花单生枝端；苞片披针形，基部连合呈短鞘，边缘宽膜质，顶端锐尖，具1脉。花期5—7月，果期7—8月。

[生境] 生于海拔4100～5300米的高山草甸、山坡草地、砾石带。

[用途] 全草味甘，性寒，有滋阴养血、益肾壮骨之效，用于治肺燥咳嗽、咳血、血虚风痹、筋骨疼痛、肾虚眩晕。

繁缕　*Stellaria media*

石竹科　Caryophyllaceae
繁缕属　*Stellaria*

[特征] 一年生或二年生草本，高10～30厘米。茎基部分枝，常带淡紫红色，被毛。叶片宽卵形或卵形，全缘。疏聚伞花序顶生；花梗细弱，下垂；萼片5，卵状披针形；长椭圆形花瓣白色；雄蕊3～5，短于花瓣；花柱3，线形。蒴果卵形，具多数种子。种子卵圆形，稍扁，红褐色。花期6—7月，果期7—8月。

[生境] 生于海拔4100米以上的山坡草地、灌丛等。

[用途] 茎、叶及种子供药用；嫩苗可食。

腺毛蝇子草 *Silene yetii*

石竹科 Caryophyllaceae
蝇子草属 *Silene*

【特征】多年生草本，高30～50厘米，全株密被腺毛和黏液。主根垂直，粗壮，稍木质，多侧根。茎疏丛生，稀单生，粗壮，常带紫色。基生叶叶片倒披针形或椭圆状披针形，基部渐狭成长柄状，顶端急尖或钝，两面被腺毛；上部茎生叶叶片倒披针形至披针形。总状花序，常3～5花；花微俯垂，后期直立；苞片线状披针形，草质；脉端在萼齿多少连合，被腺毛，萼齿卵状三角形，顶端钝，边缘膜质，白色，具缘毛。蒴果卵形，种子肾形，灰褐色，两侧耳状凹，具线条纹，脊厚，具小瘤。花期7月，果期8月。

【生境】生于海拔4100米以上的山坡草地、林下、灌丛、草甸、河漫滩。

【用途】全草入药，治疗高血压、黄疸病、咽喉炎、月经过多、中耳炎。

细蝇子草 *Silene gracilicaulis*

石竹科 Caryophyllaceae

蝇子草属 *Silene*

- 【特征】多年生草本,高20~50厘米。根粗壮,稍木质。茎疏丛生,不分枝,无毛。基生叶叶片线状倒披针形;茎生叶叶片线状披针形。总状花序对生,花多数,花梗与花萼几等长,无毛;苞片卵状披针形;狭钟形花萼无毛,纵脉紫色;花瓣白色或灰白色,花柱外露。蒴果长圆状卵形。种子圆肾形。花期7—8月,果期8—9月。

- 【生境】生于海拔4100米的高山草甸、山坡草地、河滩、河边、岩石细缝。

- 【用途】全草或根入药,治疗小便不利、尿痛、尿血、经闭等。

鸡娃草 *Plumbagella micrantha*

白花丹科　Plumbaginaceae
鸡娃草属　*Plumbagella*

【特征】一年生草本，高5~40厘米。茎直立，多分枝，具棱，沿棱有小皮刺。叶倒卵状披针形，先端急尖或渐尖，全缘，基部耳状抱茎。花序含4~15小穗，穗轴被灰褐色至红褐色绒毛；小穗含2~3花；苞片通常宽卵形，花萼绿色；花冠淡蓝紫色，花药淡黄色，花丝白色。蒴果暗红褐色，具5条浅色条纹。种子红褐色。花期7—8月，果期7—9月。

【生境】生于海拔4100米以上的河滩、山坡。

【用途】青海民间用叶治疗某些癣疾。

披针叶野决明 *Thermopsis lanceolata*

豆　　科　Fabaceae
野决明属　*Thermopsis*

【特征】多年生草本，高20～40厘米。地下根茎粗壮。茎直立，被贴伏白色柔毛。托叶2，卵状披针形；小叶3，常对折，倒披针形或长椭圆形，先端钝圆或急尖，背面被棕色长伏毛。总状花序顶生，花轮生，每轮2～3朵；蝶形花冠黄色。荚果条形，扁平。种子圆肾形，黑褐色。花期5—7月，果期7—8月。

【生境】生于海拔4100米以上的山坡草地、路边、砾滩。

【用途】植株有毒，少量供药用，有祛痰止咳之效。

多枝黄芪　*Astragalus polycladus*

豆　科　Fabaceae
黄芪属　*Astragalus*

【特征】多年生草本。根粗壮。茎多数，高5~35厘米，纤细，丛生，平卧或上升，被灰白色伏贴柔毛或混有黑色毛。奇数羽状复叶；托叶离生，披针形；小叶披针形或近卵形，两面披白色伏贴柔毛。总状花序生多数花，密集呈头状；花萼钟状；花冠红色或青紫色。荚果长圆形，密被短柔毛。花期6—8月，果期7—9月。

【生境】生于海拔4100米以上的山坡、沟谷、河滩、路旁。

【用途】全草入药，用于治疗肝硬化、腹水。

斜茎黄芪 *Astragalus laxmannii*

豆　科　Fabaceae
黄芪属　*Astragalus*

【特征】多年生草本，高15～20厘米。根粗壮。茎直立或外倾。羽状复叶；托叶白色，膜质；小叶长圆状椭圆形。总状花序生多数花，排列紧密，总花梗腋生，较叶长；花近无花梗；苞片线状披针形，膜质；花萼管状钟形，密被黑白色混生伏贴毛；花冠淡蓝紫色或红紫色，旗瓣长圆状狭倒卵形，翼瓣较旗瓣短，龙骨瓣较翼瓣短，瓣片半圆形；子房被伏贴毛。荚果长圆形。花期7—8月，果期8—9月。

【生境】生于海拔4100米以上的山坡潮湿地带。

【用途】种子入药，治神经衰弱；又为优良牧草和保土植物。

高山豆 *Tibetia himalaica*

豆　　科　Fabaceae

高山豆属　*Tibetia*

[特征] 多年生草本，高5～15厘米。根圆锥形，粗厚。茎明显伸长且多分枝，节间明显。托叶卵形，2枚合生，密被贴伏长柔毛；小叶圆形至椭圆形、宽倒卵形至卵形，顶端微缺至深缺，被贴伏长柔毛。伞形花序；总花梗具稀疏长柔毛；花萼钟状，被长柔毛；花冠深蓝紫色。荚果圆筒形或有时稍扁。种子肾形，光滑。花期6—7月，果期8—9月。

[生境] 生于海拔4100～5000米的高山草甸、灌丛、河漫滩。

[用途] 带根全草入药，有解毒消肿、利尿之效。

黄花棘豆 *Oxytropis ochrocephala*

豆　科　Fabaceae
棘豆属　*Oxytropis*

- 【特征】多年生草本，高20～40厘米。根粗壮，圆柱状。茎基部有分枝。奇数羽状复叶；小叶卵状披针形，两面被丝状长柔毛。总状花序腋生；花萼筒状；花冠黄色。荚果矩圆形，密生黑色、褐色或白色短柔毛。花期6—8月，果期7—9月。

- 【生境】生于海拔4100～5100米的沟谷灌丛、高山草地、山坡砾地等地。

- 【用途】花和全草入药，花有利水的功效，治各种水肿；全草主治肺热咳嗽、痰饮腹水、体虚水肿、脾虚泄泻等症状。

镰荚棘豆 *Oxytropis falcata*

豆 科 Fabaceae
棘豆属 *Oxytropis*

[特征] 多年生草本，高10~25厘米，具腺体，有黏性。茎极短。奇数羽状复叶；托叶有密长柔毛和腺体，下半部与叶柄连合；小叶25~45，对生或互生，少有4片轮生，条状披针形，密生腺体和长柔毛。总状花序近头状；花萼筒状；花冠紫红色。荚果镰刀形弯曲，有腺体和白色短柔毛。花期5—8月，果期7—9月。

[生境] 生于海拔4300米以下的山坡草地、河滩灌丛。

[用途] 全草入药，可治刀伤。

锡金岩黄芪 *Hedysarum sikkimense*

豆 科 Fabaceae
岩黄芪属 *Hedysarum*

【特征】多年生草本，高5～15厘米。根为直根系，外皮暗褐色。茎被短柔毛和深沟纹。小叶具短柄，上面无毛，下面沿主脉和边缘被疏柔毛。总状花序腋生，花序轴和总花梗被短柔毛；花常偏于一侧着生；花萼钟状，萼筒暗污紫色，半透明，萼齿绿色，狭披针形，等于或稍长于萼筒，外被柔毛；花冠紫红色或后期变为蓝紫色，先端圆形，微凹。荚果被短柔毛，边缘常具不规则齿。种子圆肾形，黄褐色。花期7—8月，果期8—9月。

【生境】生于高山干燥阳坡的高山草甸和高寒草原、灌丛、各种砂砾质干燥山坡。

【用途】优良牧草。

甘青老鹳草 > *Geranium pylzowianum*

牻牛儿苗科　Geraniaceae
老 鹳 草 属　*Geranium*

[特征] 多年生草本，高8～35厘米。生有串珠状相连的地下块根。茎细弱，斜升。叶互生，肾状圆形，5深裂达基部；裂片从顶部又1～2次分裂，小裂片短条形，全缘。聚伞花序腋生；花瓣紫红色，稀白色或粉红色，顶端平截。蒴果长2厘米，有微毛。花期7—8月，果期9—10月。

[生境] 生于海拔4100～5000米的高寒草甸、灌丛草甸、滩地潮湿地。

[用途] 全草入药，有清热解毒之效，主治咽喉肿痛、肺热咳嗽等。

青藏大戟   *Euphorbia altotibetica*

大戟科   Euphorbiaceae
大戟属   *Euphorbia*

【特征】多年生草本，高7～26厘米。根状茎匍匐生根。茎有条纹，无毛。叶互生，下部鳞片状，以上则为三角状心形、椭圆形至近披针形。杯状花序组成聚伞花序，顶生和腋生。蒴果阔卵球形。种子卵球状，具种阜。花果期5—8月。

【生境】生于海拔4100米以上的高山草甸、山坡石隙。

【用途】可供观赏。

甘青大戟 *Euphorbia micractina*

大戟科　Euphorbiaceae
大戟属　*Euphorbia*

[特征] 多年生草本，高20~50厘米。根圆柱状。茎自基部分枝，每个分枝向上不再分枝。叶互生，长椭圆形至卵状长椭圆形，两面无毛，全缘；总苞叶5~8枚，与茎生叶同形。花序单生于二歧分枝顶端，基部近无柄；总苞杯状，边缘4裂；腺体4，半圆形，淡黄褐色。蒴果球状。种子卵状，灰褐色，腹面具淡白色条纹。花果期6—7月。

[生境] 生于海拔4100米以上的山坡、草甸、砂石砾地区。

[用途] 根入药，有逐水通便、消肿散结之效。

植物 FLORA

双花堇菜 *Viola biflora*

堇菜科　Violaceae
堇菜属　*Viola*

[特征] 多年生草本，高20～50厘米。根状茎细或稍粗壮。地上茎通常无毛。基生叶数枚，叶片肾形、宽卵形或近圆形，先端钝圆，边缘具钝齿。花黄色或淡黄色，具紫色脉纹。蒴果狭卵形，无毛。花果期5—9月。

[生境] 生于海拔4100米的高山草甸、灌丛、岩石缝隙间。

[用途] 全草民间药用，能治跌打损伤。

西藏堇菜 *Viola kunawarensis*

堇菜科　Violaceae
堇菜属　*Viola*

【特征】多年生草本，高3.5～5.0厘米。根圆锥状，带褐色或苍白色，不分枝。叶均基生，莲座状；叶片厚纸质，卵形、圆形或长圆形，先端钝，边缘全缘或疏生浅圆齿；托叶膜质，带白色。花小，深蓝紫色；花梗细而挺直，稍长于或与叶近等长。蒴果卵圆形。花果期5—8月。

【生境】生于海拔4100～4500米的高山灌丛、高山草甸，多见于岩石缝隙、碎石堆边的阴湿处。

【用途】全草入药，有清热解毒、消炎退烧、润肺消肿、润肺止咳、通利二便之效。

植物 FLORA

三脉梅花草 *Parnassia trinervis*

梅花草科 Parnassiaceae
梅花草属 *Parnassia*

[特征] 多年生草本，高4.3～21.0厘米。茎无毛。基生叶丛生，叶片椭圆形、卵形、阔卵形至狭卵形，无毛；叶柄下部疏生柔毛。花单生于茎顶；萼片卵形至狭卵形，无毛；花瓣白色，狭卵形至长椭圆形，边缘稍波状，3脉。花期7—8月，果期9月开始。

[生境] 生于海拔4100～4500米的灌丛草甸、河滩、山坡。

[用途] 全草入药，有清热解毒、止咳化痰之效。

沼生柳叶菜 *Epilobium palustre*

柳叶菜科　Onagraceae
柳叶菜属　*Epilobium*

【特征】多年生草本，高15~40厘米。根状茎基部具鳞片和匍匐枝。茎单一或分枝，均匀被曲柔毛，无棱线。叶对生，线形至狭披针形，先端通常渐尖，边缘具疏齿或全缘。近伞房花序；花瓣5，紫红色，倒卵形，先端微缺。蒴果圆柱形。种子倒披针形，顶端具短喙，被微乳突。花果期7—8月。

【生境】生于海拔4100~4500米的高山灌丛下、河滩。

【用途】全草入药，有清热消炎、镇咳、疏风之效。

穗状狐尾藻 *Myriophyllum spicatum*

小二仙草科 Haloragaceae
狐尾藻属 *Myriophyllum*

[特征] 多年生沉水草本。根状茎发达，长1.0～2.5米，在水底泥中蔓延，节部生根；茎圆柱形，分枝极多。叶5片轮生，丝状全细裂；叶柄极短或不存在。花两性、单性或杂性，雌雄同株，单生于苞片状叶腋内，常4朵轮生，由多数花排成近裸颓的顶生或腋生的穗状花序，生于水面上。分果广卵形或卵状椭圆形，具4纵深沟，沟缘表面光滑。花果期为7—8月。

[生境] 生于海拔4100米左右的沼泽湖泊中。

[用途] 全草入药，有清凉、解毒、止痢之效；也可作猪、鱼、鸭的饲料。

裂叶大瓣芹 *Semenovia malcolmii*

伞 形 科　Apiaceae

大瓣芹属　*Semenovia*

【特征】多年生草本，高6～36厘米，被白色柔毛。主根纺锤形。基生叶二回羽状复叶，扇形至近圆形；茎生叶向上渐变小。复伞形花序；萼片卵形至狭卵形；花瓣白色或粉红色，二型，不等大。果阔椭圆形，果瓣有5棱，侧棱翅状。花果期7—9月。

【生境】生于海拔4100～5000米的高山草甸、河滩、灌丛、岩石缝隙等。

【用途】全草入药，有凉血止血、祛风解毒之效，用于治疗外伤出血、鼻衄、齿龈出血、皮肤瘀斑、麻风。

瘤果滇藁本 *Hymenidium wrightianum*

伞 形 科　Apiaceae
滇藁本属　*Hymenidium*

【特征】多年生草本，高30～50厘米。根粗壮，直伸，残存多数褐色叶鞘。茎直立，有条纹，带紫红色，上部有分枝，常有细疣状突起。基生叶有较长的柄，叶片轮廓狭长圆形至狭卵形；叶柄边缘有狭翅，基部扩展；茎生叶简化。顶生的复伞形花序大；总苞片7～9，线状披针形，先端叶状分裂，常有细疣状突起；侧生的复伞形花序比较小。果实卵形，表面密生细水泡状微突起，果棱有明显的鸡冠状翅。花果期7—9月。

【生境】生于海拔4100～4600米的山坡草地上。

【用途】全草入药，有祛风除湿、活血止痛之效。

葛缕子 *Carum carvi*

伞形科　Apiaceae

葛缕子属　*Carum*

[特征] 多年生草本，高30～70厘米。根圆柱形，表皮棕褐色。茎通常单生。基生叶及茎下部叶的叶柄与叶片近等长，叶片轮廓长圆状披针形，二至三回羽状分裂，末回裂片线形或线状披针形，茎中、上部叶与基生叶同形，较小，无柄或有短柄。稀1～3线形总苞片，小伞形花序，具花5～15，花瓣白色，或带淡红色。果实长卵形，成熟后黄褐色，果棱明显。花果期5—8月。

[生境] 生于海拔4100米以上的高寒草甸、高山灌丛、道旁。

[用途] 果实可供提取挥发油，剩下的残渣可作家畜饲料。

植物 FLORA

报春花科

海乳草 *Lysimachia maritima*

报春花科　Primulaceae
珍珠菜属　*Lysimachia*

【特征】 多年生草本，高3～25厘米，全株无毛。茎直立或下部匍匐，节间短，常有分枝。叶几乎无柄，交互对生或互生；上部叶肉质，线形、线状长圆形或近匙形，全缘。花单生于茎中上部叶腋；花萼钟形，白色或粉红色，花冠状；无花冠。蒴果卵球形。花果期5—8月。

【生境】 生于海拔4100米以上的河滩沼泽、草甸、沟边。

【用途】 根全草入药，有清热解毒之效，用于治疗咽喉肿痛、口疮、牙痛。

169

羽叶点地梅 Pomatosace filicula

报 春 花 科　Primulaceae

羽叶点地梅属　*Pomatosace*

【特征】一年生或二年生草本，高7.5～14.0厘米。具粗长的主根和少数须根。叶多数，叶片轮廓线状矩圆形，羽状深裂至近羽状全裂，裂片线形或窄三角状线形，全缘或具1～2牙齿，两面沿中肋被白色长柔毛，叶柄被疏长柔毛。伞形花序，苞片线形，花萼杯状或陀螺状，花葶通常多枚自叶丛中抽出；花冠白色，先端钝圆。蒴果近球形，通常具种子6～12粒。花果期7—8月。

【生境】生于海拔4100～4500米的灌丛、草甸、干旱山坡。

【用途】全草入药，有清热、去瘀血之效。

【保护现状】国家二级保护野生植物。

小点地梅 *Androsace gmelinii*

报春花科　Primulaceae
点地梅属　Androsace

【特征】一年生小草本。主根细长。叶基生，叶片近圆形或圆肾形，边缘具7～9圆齿，两面疏被贴伏柔毛；叶柄被稍开展柔毛。花葶高3～9厘米，被开展的长柔毛；伞形花序2～5花；苞片小，披针形或卵状披针形；花梗长3～15毫米；花萼钟状或阔钟状，密被白色长柔毛和稀疏腺毛，分裂约达中部，裂片卵形或卵状三角形；花冠白色，裂片长圆形。蒴果近球形。花果期6—8月。

【生境】生于海拔4100米以上的河岸湿地、山地沟谷、草甸。

【用途】全草入药，有祛风清热、消肿解毒之效。

垫状点地梅 *Androsace tapete*

报春花科　Primulaceae
点地梅属　*Androsace*

【特征】多年生草本。株形为半球形的坚实垫状体。当年生莲座状叶丛叠生于老叶丛上，通常无节间。叶二形，外层叶卵状披针形或卵状三角形，较肥厚；内层叶线形或狭倒披针形，中上部绿色，下部白色，具缘毛。花单生于叶丛中；苞片线形，花萼筒状，上部边缘具绢毛；花冠粉红色，裂片倒卵形，边缘微呈波状。花期6—7月，果期通常在7月初之后。

【生境】生于海拔4100～5000米的砾石山坡、河谷阶地、平缓的山顶。

【用途】全草入药，有祛风清热、消肿解毒之效，西藏民间煅烧成炭，用于治疗肿瘤。

高原点地梅 *Androsace zambalensis*

报春花科　Primulaceae
点地梅属　*Androsace*

【特征】多年生草本。根出条和莲座状叶丛形成密丛或垫状体。根出条稍粗壮，深褐色，节上具枯老叶丛。莲座状叶丛；叶近二形，外层叶长圆形或舌形，深褐色；内层叶狭舌形至倒披针形。花葶单生，被长柔毛；伞形花序，苞片倒卵状长圆形至阔倒披针形，背部和边缘具长柔毛；花梗被柔毛；花萼阔钟形或杯状，密被柔毛；花冠白色，喉部周围粉红色。花期6—7月。

【生境】生于海拔4100～5000米的湿润的砾石草甸、流石滩上。

【用途】有渗湿利水之效，用于治疗湿痹关节酸重疼痛、小便不利。

狭萼报春 *Primula stenocalyx*

报春花科　Primulaceae
报春花属　*Primula*

[特征] 多年生草本。根状茎粗短，具多数须根。叶片倒卵形、倒披针形或匙形，边缘全缘或具小圆齿或钝齿，两面无粉，仅具小腺体或下面被白粉或黄粉，中肋明显；叶柄具翅。花葶直立，高1～15厘米，顶端具小腺体或有时被粉；伞形花序4～16花；苞片狭披针形；花萼筒状，具5棱，裂片矩圆形或披针形；花冠紫红色或蓝紫色，裂片阔倒卵形。蒴果长圆形。花期5—7月，果期8—9月。

[生境] 生于海拔4100～4300米的阳坡草地、林下、沟边、河漫滩石缝中。

[用途] 具观赏价值，常用来美化家居环境。

苞芽粉报春 *Primula gemmifera*

报春花科　Primulaceae
报春花属　*Primula*

【特征】多年生草本。根状茎极短,具多数须根,常自顶端发出1至数个侧芽。叶矩圆形、卵形或阔匙形,边缘具稀疏小牙齿,叶柄具狭翅。花葶稍粗壮,无粉或顶端被白粉;伞形花序顶生;苞片狭披针形至矩圆状披针形,常染紫色,微被粉;花梗被粉质腺体;花萼狭钟状,绿色或染紫色;花冠淡红色至紫红色,极少白色。蒴果长圆形。花期5—8月,果期8—9月。

【生境】生于海拔4100～4300米的湿草地。

【用途】具观赏价值,常用来美化家居环境。

天山报春 *Primula nutans*

报春花科　Primulaceae
报春花属　*Primula*

【特征】多年生草本，高10～25厘米。全株无粉。根状茎短，具多数须根。叶丛基生，叶片卵圆形或近圆形，全缘，两面均无毛。伞形花序1～2轮，具2～6花；苞片长圆形；花萼狭钟状，具5棱，外被褐色斑点，基部收缩下沿成囊，裂片阔三角形，边缘密被小腺毛；花冠红紫色或蓝紫色，裂片倒心形。蒴果筒形。花果期6—8月。

【生境】生于海拔4100米以上的沼泽、湿地、草甸、山坡。

【用途】全草入药，有清热解毒、清热止血、止痛敛疮之效，用于治疗疮痈肿毒、热病出血、疮疡不敛。

束花报春 *Primula fasciculata*

报春花科　Primulaceae
报春花属　*Primula*

[特征] 多年生小草本，常多数聚生成丛。根状茎粗短，具多数须根。叶丛基部外围有褐色膜质枯叶柄；叶片矩圆形、椭圆形或近圆形，先端圆形，基部圆形或阔楔形，全缘；叶柄纤细，具狭翅。1~6花生于花葶端；苞片线形，基部不膨大；花冠淡红色或鲜红色，冠筒口周围黄色。蒴果筒状。花期6月，果期7—8月。

[生境] 生于海拔4100~4500米的沼泽地、草甸。

[用途] 具观赏价值，常用来美化家居环境。

花葶驴蹄草 *Caltha scaposa*

毛茛科 Ranunculaceae

驴蹄草属 *Caltha*

[特征] 多年生低矮草本。全体无毛。具多数肉质须根。基生叶有长柄；叶片心状卵形或三角状卵形，有时肾形，顶端圆形，基部深心形，基部具膜质长鞘。花单独生于茎顶部，萼片5～7，黄色，倒卵形、椭圆形或卵形。种子黑色，肾状椭圆球形，稍扁，光滑，有少数纵肋。花期6—9月，果期7—10月。

[生境] 生于海拔4100米以上的高山湿草甸、山谷沟边湿草地。

[用途] 全草入药，用于治疗筋骨疼痛等症，花可治疗化脓创伤等症。

矮金莲花 *Trollius farreri*

毛 茛 科　Ranunculaceae
金莲花属　*Trollius*

[特征]　多年生草本，高5～25厘米。全株无毛。根须状，细长，坚韧。茎直立，不分枝。叶全部基生或近基生，3～4枚，有长柄；叶片五角形，3全裂，中央全裂片菱状倒卵形或楔形。花两性，单朵顶生；萼片宽倒卵形，黄色，外面常带暗紫色；花瓣匙状线形。花期5—7月，果期8月。

[生境]　生于海拔4100米以上的山坡灌丛、高寒草甸、河滩。

[用途]　全草药用，主治伤风、感冒。

铁棒锤 *Aconitum pendulum*

毛茛科　Ranunculaceae

乌头属　*Aconitum*

【特征】多年生草本，高25～80厘米。根圆锥形，褐色。下部无毛，上部被疏短柔毛。叶宽卵形或近扇形，小裂片线形，无毛。顶生总状花序狭长，有12～25花，序轴及花梗密被紧贴的短柔毛；萼片黄绿色，外面被短柔毛；花瓣几乎无毛。花期7—8月，果期9—10月。

【生境】生于海拔4100～4500米的山地、河滩、水边砂砾地。

【用途】块根有剧毒，供药用，治疗跌打损伤、骨折、风湿腰痛、冻疮等症。

露蕊乌头 *Gymnaconitum gymnandrum*

毛 茛 科 Ranunculaceae
露蕊乌头属 *Gymnaconitum*

【特征】一年生草本，高5～14厘米。根圆柱形，外皮褐色。茎上部被短柔毛，下部疏被柔毛或无毛。叶片宽卵形，3全裂，全裂片二至三回深裂，小裂片狭卵形至狭披针形。总状花序；基部苞片似叶；小苞片生于花梗上部或顶部；萼片蓝紫色。种子倒卵球形。花果期7—8月。

【生境】生于海拔4100米以上的山坡、河谷。

【用途】全草有毒，可供药用，治疗风湿等症。

密花翠雀花 *Delphinium densiflorum*

毛茛科　Ranunculaceae

翠雀属　*Delphinium*

【特征】多年生草本,高10～25厘米。根圆锥形,黑褐色。茎直立,疏被柔毛或变无毛。叶基生和茎生,下部叶有长柄,近花序的叶具短柄;叶片近革质,肾形,掌状3深裂,边缘有圆齿;基生叶的柄长9～17厘米。总状花序,具多数密集的花;萼片宿存,淡灰蓝色;花瓣顶端2浅裂,有缘毛,瓣片卵形。蓇葖果长约1.2厘米。种子三棱形,沿棱有狭翅。花果期7—9月。

【生境】生于海拔4100米以上的倒石堆、高山草甸。

【用途】全草药用,有解乌头毒之效。

白蓝翠雀花 *Delphinium albocoeruleum*

毛茛科　Ranunculaceae
翠雀属　*Delphinium*

[特征] 多年生直立草本，高25～60厘米。茎粗壮，被反曲的短柔毛。叶片五角形，3裂，裂片1～2深裂，小裂片狭卵形至披针形或线形。伞房花序有3～7花；萼片宿存，蓝紫色或蓝白色；花瓣无毛；退化雄蕊黑褐色，瓣片卵形。蓇葖果。种子四面体形，有鳞状横翅。花期7—9月，果期8—10月。

[生境] 生于海拔4100～4700米的地边、路旁、荒地。

[用途] 全草供药用，可治肠炎。

蓝翠雀花 *Delphinium caeruleum*

毛茛科　Ranunculaceae

翠雀属　*Delphinium*

[特征] 多年生直立草本，高8～60厘米。根圆锥形，深褐色。茎被反曲短柔毛。叶近圆形，3全裂，表面被短伏毛，背面疏被较长的毛。伞房花序；萼片蓝紫色，椭圆状倒卵形；花瓣蓝色。蓇葖果长约1厘米。种子倒卵状四面体，沿棱有窄翅。花果期7—9月。

[生境] 生于海拔4100米以上的高山灌丛、草甸、山坡草地。

[用途] 地上部分入药，治疗肝胆疾病、肠热腹泻、痢疾。

拟棼斗菜 *Paraquilegia microphylla*

毛 茛 科　Ranunculaceae
拟棼斗菜属　*Paraquilegia*

[特征] 多年生草本。根状茎细圆柱形至近纺锤形。叶多数，常为二回三出复叶，无毛；叶片轮廓三角状卵形，中央小叶宽菱形至肾状宽菱形，3深裂，小裂片倒披针形至椭圆状倒披针形，表面绿色，背面淡绿色；叶柄细长。花葶直立，苞片2枚，对生或互生，倒披针形，基部有膜质鞘；萼片淡堇色或淡紫红色，倒卵形至椭圆状倒卵形，花瓣5，倒卵形至倒卵状长椭圆形。蓇葖果直立。种子狭卵球形，褐色，一侧生狭翅，光滑。花期6—8月，果期8—9月。

[生境] 生于海拔4100～4300米的高山山地石壁、岩石。

[用途] 根、种子、茎叶入药，根、种子有泻火消肿之效，茎叶有化瘀止血、续断接骨、活血定痛之效。

疏齿银莲花 Anemone geum subsp. ovalifolia

毛茛科　Ranunculaceae
银莲花属　*Anemone*

【特征】多年生草本，高4～29厘米。根稍肉质，簇生。基生叶具长柄，基部密集褐色枯萎纤维状残叶基与花葶残基；叶片肾状五角形或宽卵形，二回全裂，叶两面被短柔毛。花葶被开展的柔毛。瘦果倒卵形，花柱宿存。花期6—7月，果期8—9月。

【生境】生于海拔4100米的河滩、河谷草地、灌丛、高山草甸、高山流石坡。

【用途】地下部分、叶、花和果实等药用，治疗病愈后体温不足、淋病、关节积黄水、黄水疮、慢性气管炎等症；全草药用，有止血之效。

叠裂银莲花 *Anemone imbricata*

毛茛科 Ranunculaceae
银莲花属 *Anemone*

【特征】多年生草本,高4～20厘米。根状茎较粗,基生叶有长柄;叶片椭圆状狭卵形,基部心形,3全裂,中全裂片有细长柄,3全裂或3深裂,二回裂片浅裂,侧全裂片无柄,背面和边缘密被长柔毛。花葶1～4,密被长柔毛,苞片3,无柄3深裂,密被长柔毛,萼片6～9,黑紫色,倒卵状长圆形或倒卵形,无毛。瘦果扁平,椭圆形,有宽边缘,无毛。花期5—8月。

【生境】生于海拔4100～5300米的高山草坡、灌丛中。

【用途】茎、叶、花入药,有消炎之效,用于治疗烧伤。

蓝侧金盏花 *Adonis coerulea*

毛茛科 Ranunculaceae
侧金盏花属 *Adonis*

[特征] 多年生草本，高10～15厘米。根粗壮，褐色。茎由基部分枝，下面具乳白色鳞片。叶片长圆形，二至三回羽状细裂，羽片4～6对，叶柄基部有狭鞘。萼片5～7，倒卵状椭圆形或卵形，花瓣约8，淡黄色或淡蓝色，狭倒卵形；花药椭圆形，花丝狭线形，瘦果倒卵形。花期4—7月，果期5—9月。

[生境] 生于海拔4100米以上的高山草地。

[用途] 全草入药，外用治疗疮疖、牛皮癣等皮肤病。

高原毛茛 *Ranunculus tanguticus*

毛茛科 Ranunculaceae
毛茛属 *Ranunculus*

【特征】 多年生草本,高10～30厘米。须根基部增厚,呈纺锤状。茎多分枝,被白色柔毛。基生叶和茎下部的叶具长柄,被长柔毛;叶片圆肾形或倒卵形,三出复叶,小叶片二至三回全裂或中、深裂。花单生于茎顶或分枝顶端。聚合果长圆形;瘦果卵球形,喙直伸或稍弯。花果期5—8月。

【生境】 生于海拔4100～4500米的河漫滩、沼泽草甸、山地阴坡灌丛草甸。

【用途】 全草作药用,有清热解毒之效,治疗淋巴结核等症。

云生毛茛 *Ranunculus nephelogenes*

毛茛科 Ranunculaceae

毛茛属 *Ranunculus*

[特征] 多年生草本,高15~20厘米。须根密集,稍肉质。茎直立,疏生柔毛。叶片披针形至线性,内外层叶状可能有不同。花单生于茎顶或分枝顶端。聚合果卵球形;瘦果卵球形稍扁,无毛,背腹有纵棱,喙直伸。花果期6—8月。

[生境] 生于海拔4100~5000米的高山草甸、灌丛潮湿处、河滩、水渠边、沼泽草甸。

[用途] 花及全草入药,有提升胃温、收敛黄水之效,用于治疗喉症、腹水、黄水病。

水毛茛 *Ranunculus bungei*

毛茛科 Ranunculaceae
毛茛属 *Ranunculus*

【特征】多年生沉水草本。茎长30厘米以上。无毛或在节上被极疏的毛。叶有柄，叶片轮廓近半圆形或扇状半圆形，小裂片线状，在水外通常收拢或近叉开。萼片卵状椭圆形，反折；花瓣白色，基部黄色，倒卵形。聚合果球形；瘦果斜狭倒卵形。花果期5—10月。

【生境】生于海拔4100米以上的河漫滩、沼泽、小溪。

【用途】全草药用，有清热解毒、消肿散结之效，用于治疗毒蛇咬伤、风湿关节肿痛、牙痛、疟疾等；叶花兼赏，枝叶纤细，花美丽，应用于园林水体绿化等。

鸦跕花 *Oxygraphis Kamchatica*

毛 茛 科　Ranunculaceae

鸦跕花属　*Oxygraphis*

【特征】多年生草本，高15～20厘米。具短茎根；须根细长，簇生。叶基生，宽卵形、卵形至长圆形，全缘；叶柄较宽扁。花茎2～5，无毛，花单生；萼片宽倒卵形；花瓣黄色，长圆形或倒披针形。花果期6—8月。

【生境】生于海拔4100～5100米的高山草甸、高山灌丛中，石砾草坡上。

【用途】全草入药，有祛风散寒、祛风通络之效，宜通鼻窍，用于治疗外感风寒、风寒湿痹、鼻渊。

多刺绿绒蒿 *Meconopsis horridula*

罂粟科　Papaveraceae

绿绒蒿属　*Meconopsis*

【特征】一年生草本植物，高15~20厘米。全体被黄褐色或淡黄色坚硬而平展的刺。主根肥而长。茎近无或极短。叶基生，披针形，全缘，两面被刺。花葶绿色或蓝灰色，密被刺；花单生于花葶顶，半下垂，花瓣蓝色或蓝紫色，宽倒卵形。蒴果椭圆形，被刺，刺基部增粗，通常3~5瓣自顶端开裂。种子肾形，种皮具窗格状网纹。花果期7—9月。

【生境】生于海拔4100~5100米的高山砾石带、高山倒石堆、山坡、河滩。

【用途】花或全草入药，有解热、止痛、接骨、活血化瘀之效，用于治疗头伤、骨折、跌打损伤等。

刺瓣绿绒蒿 *Meconopsis racemosa* var. *spinulifera*

罂粟科　Papaveraceae

绿绒蒿属　*Meconopsis*

【特征】与原变种多刺绿绒蒿的区别在于花瓣两面中下部疏生细刺；花柱具4棱，棱呈膜质翅状，宽约1.5毫米，花丝窄线形。

【生境】生于海拔4100米左右的山顶。

【用途】全草入药。

细果角茴香 *Hypecoum leptocarpum*

罂粟科 Papaveraceae

角茴香属 *Hypecoum*

[特征] 一年生草本，高10～30厘米。根圆锥状，多分枝。茎丛生，常铺散于地，分枝多，顶端向上。叶多数，奇数羽状复叶，叶片蓝绿色。花小，排列为二歧聚伞花序；花瓣4，淡紫色或白色，宽倒卵形；雄蕊4，与花瓣对生，花丝黄褐色，花药黄色；子房一室，具多数胚珠。蒴果狭线形，内具横隔，常节裂。种子扁平，宽卵形。花果期6—8月。

[生境] 生于海拔4100～5000米的山坡、草地、山谷、河滩、砾石坡、沙质地。

[用途] 全草入药，治疗感冒、咽喉炎、急性结膜炎、头痛、四肢关节痛、胆囊炎，解食物中毒。

叠裂黄堇 *Corydalis dasyptera*

罂粟科　Papaveraceae
紫堇属　*Corydalis*

【特征】多年生草本，高10～30厘米。主根粗大，外皮褐色。茎具细棱。叶片长圆形，一回羽状全裂，羽片无柄，密集叠压，3深裂，裂片卵圆形，顶端圆钝。总状花序多花、密集；花污黄色，外花瓣龙骨突起部位带紫褐色，具高而全缘的鸡冠状突起；子房长圆形，柱头扁四方形，顶端2裂。蒴果下垂，长圆形。种子少数，1列，近圆形，种阜小，宽卵形，紧贴种子。花果期7—9月。

【生境】生于海拔4100～4800米的高山砾石带、流石滩、阴坡灌丛中。

【用途】全草入药，有清热解毒、止血敛疮之效，用于治疗热病高热、黄疸型肝炎、肠炎、外伤出血、疮疡溃后久不收口。

斑花黄堇 *Corydalis conspersa*

罂粟科　Papaveraceae
紫堇属　*Corydalis*

[特征] 多年生丛生草本，高5～30厘米。根茎短，簇生棒状肉质须根。茎发自基生叶腋，基部稍弯曲，裸露，其上具叶，不分枝。基生叶多数，约长达花序基部；叶柄约与叶片等长，基部鞘状宽展；叶片长圆形，二回羽状全裂。总状花序头状，多花、密集，花淡黄色或黄色，具棕色斑点。蒴果长圆形至倒卵圆形。花果期7—9月。

[生境] 生于海拔4100～5000米的多石河岸和高山砾石地。

[用途] 带根全草入药，味苦、涩，性寒，有毒，有清热解毒、止痛、杀虫之效，用于治疗水肿、伤寒、感冒发热；外用于治疗牛皮癣、顽癣、疮毒、毒蛇咬伤。

糙果紫堇 *Corydalis trachycarpa*

罂粟科 Papaveraceae

紫堇属 *Corydalis*

[特征] 多年生草本，高10～30厘米。全株无毛。块茎棒状长条形。茎有棱。叶多生于茎的中上部，二回羽状深裂，裂片顶端2～3裂，小裂片椭圆形或矩形，顶端尖。总状花序多花，较密；花乳白色或灰白色，顶端紫褐色；花瓣2轮，外轮唇形，内轮倒卵形。蒴果狭倒卵形，具纵棱。种子少数，近圆形，黑色，具光泽。花果期4—9月。

[生境] 生于海拔4100～5200米的流石坡、高山草甸、灌丛草地、岩石缝隙。

[用途] 全草入药，有解表退热、清热利湿之效。

头花独行菜 *Lepidium capitatum*

十字花科　Brassicaceae
独行菜属　*Lepidium*

[特征]　一年生或二年生草本。茎长达20厘米。基生叶及下部叶羽状半裂，裂片长圆形，顶端急尖，全缘，两面无毛；上部叶相似但较小，羽状半裂或仅有锯齿，无柄。总状花序腋生，花紧密排列近头状；萼片长圆形；花瓣白色，倒卵状楔形，顶端凹缺；雄蕊4。短角果卵形，顶端微缺，无毛，有不明显翅。种子10粒，长圆状卵形，浅棕色。花果期5—6月。

[生境]　生于海拔4100米左右的山坡。

[用途]　水土保持；有较高园林景观应用价值。

独行菜 *Lepidium apetalum*

十字花科　Brassicaceae

独行菜属　*Lepidium*

[特征] 一年生或二年生草本,高5~30厘米。茎多少有乳头状毛。基生叶窄匙形,一回羽状,具柄;茎生叶长圆形或线形。总状花序;萼片早落,卵形,外面有柔毛;花瓣无或呈丝状。短角果宽椭圆形或近圆形,顶端缺凹,具断翅。种子椭圆形,褐色或红棕色。花期5—6月,果期6—8月。

[生境] 生于海拔4100米以上的草地、路边、村舍旁。

[用途] 嫩叶作野菜食用;全草及种子供药用,有利尿、止咳、化痰之效;种子作葶苈子用,亦可供榨油。

菥蓂 *Thlaspi arvense*

十字花科　Brassicaceae
菥蓂属　*Thlaspi*

[特征] 一年生草本，高5~60厘米。全体无毛。茎直立，有棱。基生叶倒卵状长圆形，抱茎；茎生叶椭圆形，向上渐小。总状花序顶生或腋生，花小，白色。短角果倒卵形或近圆形。种子有同心环纹。花期5—7月，果期6—8月。

[生境] 生于海拔4100米以上的路旁、沟边、山坡荒地。

[用途] 种子油供制肥皂，也作润滑油，还可食用；全草、嫩苗和种子均入药，全草有清热解毒、消肿排脓之效，种子利肝明目，嫩苗和中益气、利肝明目。

荠 *Capsella bursa-pastoris*

十字花科　Brassicaceae
荠　　属　*Capsella*

【特征】一年生或二年生草本，高10～50厘米。茎直立，单一或从下部分枝。基生叶丛生呈莲座状，顶裂片卵形至长圆形，顶端渐尖，浅裂。总状花序顶生及腋生；萼片长圆形；花瓣白色，卵形。短角果倒三角形或倒心状三角形。种子2行，长椭圆形，浅褐色。花果期4—6月。

【生境】生于海拔4100米以上的山坡、草地、路旁。

【用途】全草入药，有利尿、止血、清热、明目、消积之效；茎叶作蔬菜食用；种子含油20%～30%，属干性油，供制油漆及肥皂用。

藏荠 *Smelowskia tibetica*

十字花科　Brassicaceae
芹叶荠属　*Smelowskia*

- 【特征】多年生草本。全株有单毛及分叉毛。茎铺散,长5~15厘米,基部多分枝。叶线状长圆形,羽状全裂,全缘或具缺刻;基生叶有柄,上部叶近无柄或无柄。总状花序花瓣白色,倒卵形。短角果长圆形,花柱极短。种子多数,卵形,棕色。花果期6—8月。

- 【生境】生于海拔4100米以上的高山山坡、草地、河滩。

- 【用途】水土保持,有较高园林景观应用价值。

紫花碎米荠 *Cardamine tangutorum*

十字花科　Brassicaceae

碎米荠属　*Cardamine*

【特征】多年生草本，高15～50厘米。根状茎细长呈鞭状，匍匐生长。茎单一，表面具沟棱。基生叶有长叶柄；小叶3～5对，长椭圆形，无小叶柄；茎生叶有叶柄。总状花序；外轮萼片长圆形，内轮萼片长椭圆形，边缘白色膜质，外面带紫红色；花瓣紫红色或淡紫色，倒卵状楔形；花丝扁而扩大，花药狭卵形。长角果线形，扁平；果梗直立。种子长椭圆，褐色。花期5—7月，果期6—8月。

【生境】生于海拔4100～4400米的高山山沟草地、林下阴湿处。

【用途】全草食用；全草亦供药用，有清热利湿之效，可治黄水疮，花可治筋骨疼痛。

腺异蕊芥 *Dontostemon glandulosus*

十字花科　Brassicaceae
花旗杆属　*Dontostemon*

【特征】　一年生草本，高3~15厘米。茎多数呈铺散状分枝或直立，植株具腺毛和单毛。单叶互生，长椭圆形，边缘具2~3对篦齿状缺刻或羽状深裂，两面皆被黄色腺毛和白色单毛。总状花序顶生；萼片长椭圆形，具白色膜质边缘；花瓣宽楔形。长角果圆柱形，具腺毛；果梗在总轴上斜生。种子每室1行，种子小，褐色，椭圆形。花果期6—9月。

【生境】　生于海拔4100~5100米的山坡草地、高山草甸、河边砂地、山沟灌丛、石缝中。

【用途】　全草入药，治疗食物中毒、消化不良。

红紫桂竹香 *Erysimum roseum*

十字花科　Brassicaceae

糖芥属　*Erysimum*

【特征】多年生草本，高10～20厘米，全体有贴生二叉分叉毛。茎直立，不分枝。基生叶披针形或线形，顶端急尖，基部渐狭，全缘或具疏生细齿；茎生叶较小，具短柄，上部叶无柄。总状花序有多数疏生花；花粉红色或红紫色，密生叉状毛或无毛；花瓣倒披针形，有深紫色脉纹，具长爪。长角果线形。种子卵形，褐色。花期6—7月，果期8—9月。

【生境】生于海拔4100米左右的高山草甸、灌丛、高山岩石坡。

【用途】全草入药，有清热解毒、利尿通淋之效。

垂果大蒜芥 *Sisymbrium heteromallum*

十字花科　Brassicaceae
大蒜芥属　*Sisymbrium*

【特征】一年或二年生草本，高30～90厘米。茎直立不分枝或分枝，具疏毛。基生叶为羽状深裂或全裂，顶端裂片大，长圆状三角形或长圆状披针形。总状花序密集成伞房状；花梗长3～10毫米；萼片淡黄色，长圆形，长2～3毫米；花瓣黄色，长圆形。种子长圆形，长约1毫米，黄棕色。花果期4—9月。

【生境】生于海拔4100米以上的灌丛、河滩。

【用途】全草和种子入药，有止咳化痰、清热解毒之效；种子可作辛辣调味品。

蚓果芥 *Braya humilis*

十字花科　Brassicaceae
肉叶荠属　*Braya*

【特征】多年生草本，高30厘米左右。茎基部分枝。茎基生叶倒卵形，茎下部叶宽匙形或窄长卵形，全缘或具2~3对钝齿；中上部茎生叶线形。花序最下部的花有苞片；稀有的花均有苞片，花瓣长椭圆形、长卵形或倒卵形，白色。长角果筒状，上下等粗，两端渐细，直或弯曲。花期7—9月，果期8—10月。

【生境】生于海拔4100米以上的山麓草甸、河滩砾石处。

【用途】全草入药，治疗食物中毒、消化不良。

播娘蒿 *Descurainia sophia*

十字花科　Brassicaceae
播娘蒿属　*Descurainia*

[特征]　一年生草本，高20~80厘米。茎直立，分枝多，下部常淡紫色。叶为三回羽状深裂，末端裂片条形或长圆形，下部叶具柄，上部叶无柄。花序伞房状；花瓣黄色，长圆状倒卵形，具爪；雄蕊6枚。长角果圆筒状，无毛，稍内曲，果瓣中脉明显。种子每室1行，形小，多数，长圆形，稍扁，淡红褐色，表面有细网纹。花期6—9月，果期7—10月。

[生境]　生于海拔4100米以上的路旁、河边、山坡沙质草地。

[用途]　种子入药，有泻肺降气、祛痰平喘、利水消肿、泄逐邪之效；种子含油，可供工业及食用。

唐古红景天 *Rhodiola tangutica*

景 天 科　Crassulaceae

红景天属　*Rhodiola*

【特征】多年生草本，高6~24厘米。雌雄异株，无毛。主根粗长，分枝。茎丛生，不分枝。叶革质，线形，互生，先端钝。雌雄异株；聚伞花序伞房状；花瓣5，浅红色，长圆形，先端钝渐尖。蓇葖果披针形，直立或外弯。花期5—8月，果期8月。

【生境】生于海拔4100~4700米的高山石缝中、近水边。

【用途】主轴入药，有利肺、退烧之效。

【保护现状】国家二级保护野生植物。

隐匿景天 *Sedum celatum*

景天科　Crassulaceae
景天属　*Sedum*

[特征] 二年生草本，高3~9厘米。主根圆锥形。花茎直立，自基部分枝。叶披针形或狭卵形，有钝或近浅裂的距，先端渐尖。花序伞房状，有3~9花；花瓣黄色，披针形，先端渐尖有长突尖头。蓇葖果。种子倒卵状长圆形，有狭翅及乳头状突起。花果期7—9月。

[生境] 生于海拔4200米的山坡、高山草甸上。

[用途] 具有极高的景观和药用价值。

玉树虎耳草 *Saxifraga yushuensis*

虎耳草科　Saxifragaceae
虎耳草属　*Saxifraga*

【特征】多年生草本，高4.5～6.0厘米。茎密被腺毛。基生叶密集，呈莲座状，叶片匙形，腹面上部具瘤状突起，边缘具软骨质突起和硬睫毛，背面无毛；茎生叶较疏，长圆状线形，两面和边缘均具腺毛。多歧聚伞花序伞房状；花梗密被腺毛；萼片三角状卵形；花瓣黄色，中部以下具紫色斑点，椭圆状倒卵形，7脉，无痂体。花期7—8月，果期8—9月。

【生境】生于海拔4350米左右的高山碎石隙。

【用途】形态优美，具极高的观赏价值。

山地虎耳草 *Saxifraga sinomontana*

虎耳草科 Saxifragaceae

虎耳草属 *Saxifraga*

[特征] 多年生草本，丛生，高4.5～35.0厘米。茎疏被褐色卷曲柔毛。基生叶发达，具柄，叶片椭圆形、长圆形至线状长圆形，先端钝或急尖，边缘具褐色卷曲长柔毛；茎生叶披针形至线形，两面无毛或背面和边缘疏生褐色长柔毛。聚伞花序，具2～8花，稀单花；花梗被褐色卷曲柔毛；萼片近卵形至近椭圆形，腹面无毛，边缘具卷曲长柔毛；花瓣黄色，椭圆形、长圆形、提琴形至狭倒卵形。花果期5—10月。

[生境] 生于海拔4100～5100米的灌丛、高山草甸、高山沼泽化草甸、高山碎石隙。

[用途] 花入药，治疗头痛、神经痛等。

高山绣线菊 *Spiraea alpina*

蔷薇科 Rosaceae

绣线菊属 *Spiraea*

[特征] 灌木,高50～120厘米。枝条直立或开张,小枝有明显棱角,幼时被短柔毛,红褐色,老时灰褐色,无毛。叶片多数簇生,线状披针形至长圆倒卵形,先端急尖或圆钝,基部楔形,全缘。伞形总状花序具短总梗,有3～15花;花瓣倒卵形或近圆形,先端圆钝或微凹,白色。蓇葖果开张,无毛或仅沿腹缝线具稀疏短柔毛。花期6—7月,果期8—9月。

[生境] 生于海拔4200米以上的向阳坡地或灌丛中。

[用途] 在水土保持、涵养水源等方面有重要的生态功能,对维持高寒生态系统的稳定有重要作用。

毛莓草 *Sibbaldianthe adpressa*

蔷薇科　Rosaceae
毛莓草属　*Sibbaldianthe*

【特征】多年生草本，高1.5～12.0厘米。根多分枝，木质化。常从根的顶部生出多数地下茎，有分枝。花茎矮小，丛生，疏被绢状糙伏毛。基生叶为羽状复叶，或为三出复叶，顶生小叶先端截形，侧生小叶先端急尖。聚伞花序有数花，或单花顶生；花瓣黄色或白色。瘦果表面有皱纹。花果期5—8月。

【生境】生于海拔4100～4300米的河滩砾石地、干旱山坡。

【用途】饲用牧草，适宜羊采食。

鸡冠茶 *Sibbaldianthe bifurca*

蔷薇科 Rosaceae

毛莓草属 *Sibbaldianthe*

[特征] 多年生草本，高5～14厘米。根圆柱形，木质。茎直立或上升，密被长柔毛或微硬毛。奇数羽状复叶，具小叶7～17；叶柄密被长柔毛；小叶无柄，对生或近对生，倒卵状椭圆形。聚伞花序生于茎顶部，花瓣黄色，倒卵形。瘦果表面光滑。花期5—8月，果期8—9月。

[生境] 生于干旱山坡、滩地、路边等。

[用途] 全草入药，有凉血止痢之效；中等饲料植物。

金露梅 *Dasiphora fruticosa*

蔷薇科　Rosaceae
金露梅属　*Dasiphora*

[特征] 灌木，高0.5~2.0米。多分枝，树皮纵向剥落，小枝红褐色，幼时被长柔毛。奇数羽状复叶，小叶通常5。花单生叶腋，或聚伞花序生于枝顶。花瓣黄色，宽倒卵形。瘦果近卵形，褐棕色，密被长柔毛。花果期6—9月。

[生境] 生于海拔4100米以上的高山灌丛、高山草甸、河滩、山坡。

[用途] 叶、花、枝条、根入药，有清暑热、益脑清新、调经、健胃之效。

蕨麻 > *Argentina anserina*

蔷薇科　Rosaceae
蕨麻属　*Argentina*

【特征】多年生草本，高2～15厘米。根纤细，中部或末端膨大而呈纺锤形或球形。具匍匐茎，紫红色，节上生根。羽状复叶，背面密被灰白色毛。花单生，黄色。瘦果。在湿润寒冷地区生活力极强，常形成大面积群落。花果期4—9月。

【生境】适应多种生境，生于沼泽草甸和高寒草甸的退化草地、滩地、路边、村舍旁等。

【用途】块根入药，有补气血、健脾胃、生津止渴、利湿之效；根部含丰富淀粉，可供甜制食品及酿酒用；蜜源植物和饲料植物。

植物 FLORA

钉柱委陵菜 *Potentilla saundersiana*

蔷薇科 Rosaceae

委陵菜属 *Potentilla*

[特征] 多年生草本，高10～20厘米。根粗壮，圆柱形。茎被白色绒毛及疏柔毛。基生叶为掌状复叶；小叶无柄，长圆状倒卵形，背面密被白色绒毛；小叶3～5；茎生叶托叶草质，绿色。聚伞花序顶生，疏散，多花；花瓣黄色，倒卵形，先端下凹。瘦果光滑。花果期6—9月。

[生境] 生于海拔4100～5100米的高山灌丛、草甸、山坡草地、河漫滩、多石山顶。

[用途] 早春蜜源植物；中等饲用植物。

多裂委陵菜 *Potentilla multifida*

蔷薇科　Rosaceae
委陵菜属　*Potentilla*

[特征] 多年生草本，高12～40厘米。根圆柱形，稍木质化。茎上升，被短柔毛。基生叶为奇数羽状复叶；小叶无柄，长圆形或宽卵形边缘羽状深裂几达中脉，边缘向下反卷。伞房状聚伞花序；花梗被短柔毛，花瓣黄色倒卵形。瘦果平滑或有皱纹。花果期5—9月。

[生境] 生于海拔4100米以上的山坡草地、河漫滩、灌丛下。

[用途] 带根全草入药，有清热利湿、止血、杀虫之效。

狼毒 *Stellera chamaejasme*

瑞香科　Thymelaeaceae
狼毒属　*Stellera*

【特征】多年生草本，高14～30厘米。根粗大，圆锥形。茎直立，丛生。叶片披针形，全缘，无毛。头状花序顶生；花被筒高脚碟状，里面白色，外面紫红色，具绿色总苞。果卵形，包于宿存花被筒中，种皮淡紫色。花期6—8月，果期7—9月。

【生境】生于海拔4100米左右的高山草甸、干旱山坡。

【用途】根入药，有散结、逐水、止痛、杀虫之效。

麻花艽 *Gentiana straminea*

龙胆科　Gentianaceae
龙胆属　*Gentiana*

【特征】多年生草本，高10～35厘米。全株光滑无毛。须根多数，扭结成一个粗大、圆锥形的根。枝多数，斜升，黄绿色。莲座丛叶宽披针形或卵状椭圆形；茎生叶小，线状披针形至线形。聚伞花序顶生及腋生，排列成疏松的花序；花萼筒膜质，黄绿色；花冠黄绿色，喉部具绿色斑点，漏斗形。蒴果内藏，椭圆状披针形。种子褐色，有光泽，狭矩圆形，表面有细网纹。花果期7—9月。

【生境】生于海拔4100～4950米的山坡草地、河滩、灌丛、高山草甸。

【用途】根入药，有祛风湿、清湿热、止痹痛之效。

短柄龙胆 *Gentiana stipitata*

龙胆科　Gentianaceae
龙胆属　*Gentiana*

【特征】多年生草本，高4～10厘米。基部被多数枯存残茎。主根圆柱形。花枝丛生，黄绿色。叶常对折，叶柄白色膜质；莲座丛叶卵状披针形或卵形；中下部叶疏离，卵形或椭圆形，上部叶密集，椭圆形、椭圆状披针形或倒披状匙形。花单生于枝顶，无花梗；花萼筒白色膜质，倒锥状筒形，裂片绿色，倒披针形；花冠浅蓝灰色，具深蓝灰色宽条纹，宽筒形。种子深褐色。花果期6—11月。

【生境】生于海拔4100～4600米的河滩、沼泽草甸、高山灌丛草甸、高山草甸、阳坡石隙内。

【用途】花色艳丽，适宜作花坛、花境或盆花。

线叶龙胆 *Gentiana lawrencei* var. *farreri*

龙胆科　Gentianaceae
龙胆属　*Gentiana*

[特征] 多年生草本，高5~12厘米。根肉质，须状。花枝多数丛生，铺散，斜升，黄绿色。莲座丛叶极不发达，披针形；茎生叶多对，愈向茎上部叶愈密、愈长，下部叶狭矩圆形，中、上部叶线形。花单生于枝顶；花萼筒紫色或黄绿色，花冠上部亮蓝色，下部黄绿色，具蓝色条纹，无斑点，倒锥状筒形。蒴果内藏，椭圆形。种子黄褐色，有光泽。花果期8—10月。

[生境] 生于海拔4100~4600米的高山草甸、灌丛。

[用途] 花色艳丽，适宜作花坛、花境或盆花。

青藏龙胆 *Gentiana futtereri*

龙胆科　Gentianaceae
龙胆属　*Gentiana*

【特征】多年生草本，高5～10厘米。根肉质，须状。花枝铺散斜升，黄绿色。莲座丛叶线状披针形，茎生叶多对，愈向枝上部叶愈密、愈长，下部叶狭矩圆形，中、上部叶线形或线状披针形。花单生于枝顶，基部包于上部叶丛中；花萼筒宽筒形或倒锥状筒形，花冠上部深蓝色，下部黄绿色，具深蓝色条纹和斑点。蒴果内藏。种子黄褐色，宽距圆形。花果期8—11月。

【生境】生于海拔4100～4400米的高寒草甸、山坡草地。

【用途】全草入药，有清热利湿、消炎镇痛之效，用于治疗目赤头痛、咽炎、湿热黄疸等。

鳞叶龙胆 *Gentiana squarrosa*

龙胆科　Gentianaceae
龙胆属　*Gentiana*

【特征】一年生草本植物，高3～8厘米。茎黄绿色或紫红色，基部多分枝，铺散，斜升。叶先端钝或急尖，叶柄白色膜质；基生叶大，宿存，卵形、卵圆形或卵状椭圆形；茎生叶匙形或倒卵状匙形。花单生于枝端，花梗黄绿色或紫红色，花萼倒锥状筒形，裂片卵圆形或卵形；花冠蓝色，筒状漏斗形。蒴果外露，倒卵状长圆形。种子黑褐色，椭圆形。花果期6—8月。

【生境】生于海拔4100米以上的河滩、高山草甸。

【用途】全草入药，有清热利湿、解毒消痈之效。

针叶龙胆 *Gentiana heleonastes*

龙胆科　Gentianaceae

龙胆属　*Gentiana*

【特征】一年生草本，高5～15厘米。茎黄绿色或紫色，基部多分枝。基生叶宿存，倒卵圆形或卵圆形，叶柄膜质；茎生叶对折，叶柄光滑；下部叶匙形，中、上部叶线状披针形。花数朵，单生于小枝顶端；光滑裸露花梗黄绿色，花萼漏斗形，裂片线状披针形；花冠内面白色，外面淡蓝色或蓝灰色，裂片卵圆形或卵形，边缘疏生细锯齿，褶宽矩圆形；雄蕊着生于冠筒下部，花丝丝状钻形，花药矩圆形，子房椭圆形，花柱线形，柱头2裂，裂片狭矩圆形。蒴果矩圆形或倒卵状矩圆形。种子淡褐色，狭矩圆形。花果期6—9月。

【生境】生于海拔4200米的向阳湿润草地、灌丛草甸、河滩草地、沼泽草甸。

【用途】可用于观赏。

刺芒龙胆 *Gentiana aristata*

龙胆科　Gentianaceae
龙胆属　*Gentiana*

【特征】一年生草本，高3～10厘米。茎光滑，基部多分枝，枝铺散，斜上升。基生叶大，花期枯萎，卵形或卵状椭圆形；茎生叶对折，线状披针形，先端渐尖。花单生于小枝顶端；花梗黄绿色，光滑，花萼漏斗形，裂片线状披针形；花冠下部黄色，上部蓝紫色、紫红色或蓝色，喉部具蓝灰色宽条纹。蒴果外露，倒卵状矩圆形。种子黄褐色，具致密细网纹。花果期6—9月。

【生境】生于海拔4100～4600米的山坡草地、河滩草地、沼泽草地、高山草地、灌丛中。

【用途】全草、花入药，全草有清热除湿之效，花有解热、祛湿、止咳之效。

蓝白龙胆　*Gentiana leucomelaena*

龙胆科　Gentianaceae
龙胆属　*Gentiana*

【特征】一年生草本，高1.5～5.0厘米。茎黄绿色。基生叶稍大，卵圆形或卵状椭圆形；茎生叶小，疏离，椭圆形至椭圆状披针形，稀下部叶为卵形或匙形。花数朵，单生于小枝顶端；花梗黄绿色，花萼钟形，裂片三角形；花冠白色或淡蓝色，稀蓝色，外面具蓝灰色宽条纹，喉部具蓝色斑点，钟形，裂片卵形；雄蕊于冠筒下部，花丝丝状锥形，花药矩圆形；子房椭圆形。蒴果倒卵圆形，具宽翅。种子褐色，宽椭圆形或椭圆形，表面具光亮念珠状网纹。花果期5—10月。

【生境】生于海拔4100～5000米的沼泽化草甸、沼泽地、湿草地、河滩草地、山坡草地、山坡灌丛中、高山草甸。

【用途】花色艳丽，具观赏价值。

湿生扁蕾 *Gentianopsis paludosa*

龙胆科　Gentianaceae
扁蕾属　*Gentianopsis*

[特征] 一年生草本，高3.5～40.0厘米。主根明显。茎直立，通常从基部分枝。基生叶3～5对，匙形；茎生叶1～4对，无柄，矩圆形或椭圆状披针形。花单生于茎及分枝顶端；花萼筒形，长为花冠之半；花冠蓝色，或下部黄白色，上部蓝色；花药黄色，矩圆形。蒴果具长柄，椭圆形。种子褐色，密生指状突起。花果期7—10月。

[生境] 生于海拔4100～4900米的草甸、河滩、灌丛。

[用途] 全草入药，有清热利湿、解毒之效。

喉毛花 *Comastoma pulmonarium*

龙 胆 科　Gentianaceae
喉毛花属　*Comastoma*

【特征】一年生草本，高10～35厘米。茎直立，单生。基生叶少数，矩圆形或矩圆状匙形；茎生叶无柄，卵状披针形，半抱茎。聚伞花序或单花顶生；花萼开张，一般长为花冠的1/4；花冠淡蓝色，具深蓝色纵脉纹。蒴果无柄，椭圆状披针形。种子淡褐色，光亮。花果期7—11月。

【生境】生于海拔4100～4800米的山坡草地、灌丛、高山草甸。

【用途】全草入药，有利胆、退黄、清热、健胃、治伤之效。

镰萼喉毛花 *Comastoma falcatum*

龙胆科 Gentianaceae
喉毛花属 *Comastoma*

[特征] 一年生草本，高4~25厘米。茎从基部分枝，分枝斜升，花葶状，四棱形，常带紫色。叶大部分基生，叶片矩圆状匙形或矩圆形；茎生叶无柄，矩圆形，稀为卵形或矩圆状卵形。花单生于分枝顶端；花梗紫色，四棱形；花萼绿色或带蓝紫色，卵状披针形，弯曲成镰状；花冠有深色脉纹，高脚杯状，冠筒筒状，喉部突然膨大。蒴果狭椭圆形或披针形。种子褐色，近球形。花果期7—9月。

[生境] 生于海拔4100~5200米的河滩、山坡草地、灌丛、高山草甸。

[用途] 全草入药，有利胆、退黄、清热、健胃、治伤之效。

黑边假龙胆 *Gentianella azurea*

龙 胆 科　Gentianaceae
假龙胆属　*Gentianella*

【特征】一年生草本，高2～25厘米。茎直立，常紫红色。基生叶早落；茎生叶椭圆形、长圆形狭披针形，边缘微粗糙。聚伞花序顶生和腋生，稀单花顶生；花梗常紫红色；花萼绿色；花冠蓝色或淡蓝色，漏斗形；花药蓝色。蒴果无柄，先端稍外露。种子褐色，矩圆形，表面具极细网纹。花果期7—9月。

【生境】生于海拔4100～4850米的高寒草甸、高山流石坡、湖边沼泽、灌丛中。

【用途】全草入药，有清热、解毒、健胃之效。

紫红假龙胆 *Gentianella arenaria*

龙 胆 科　Gentianaceae
假龙胆属　*Gentianella*

【特征】一年生草本，高2～4厘米。全株紫红色。茎从基部多分枝，铺散。基生叶和茎下部叶匙形或矩圆状匙形，先端钝圆。花4数，单生枝顶；花萼紫红色，长为花冠的2/3，裂片匙形；花冠紫红色，筒状，裂片矩圆形；花丝白色，花药黄色，宽距圆形。蒴果卵状披针形。种子深褐色，表面具极细网纹。花果期7—9月。

【生境】生于海拔4100～5200米的河滩沙地、高山流石滩。

【用途】具很高的观赏价值。

肋柱花 *Lomatogonium carinthiacum*

龙 胆 科　Gentianaceae

肋柱花属　*Lomatogonium*

【特征】　一年生草本，高3～30厘米。茎带紫色，自下部多分枝。基生叶早落，具短柄，莲座状，叶片匙形，基部狭缩成柄；茎生叶无柄，披针形、椭圆形至卵状椭圆形。聚伞花序或花生分枝顶端；花5数，花萼长为花冠的1/2，裂片卵状披针形或椭圆形，叶脉1～3条；花冠蓝色，裂片椭圆形或卵状椭圆形，先端急尖，花丝线形，花药蓝色，矩圆形，子房无柄，柱头下延至子房中部。蒴果无柄，圆柱形，与花冠等长或稍长。种子褐色，近圆形。花果期8—10月。

【生境】　生于海拔4100～5400米的山坡草地、灌丛草甸、河滩草地、高山草甸。

【用途】　全草入药，有清热利湿之效。

山莨菪 *Anisodus tanguticus*

茄　　科　Solanaceae
山莨菪属　*Anisodus*

【特征】多年生宿根草本，高40～100厘米。主根粗大，肉质。叶片纸质，矩圆形至狭矩圆状卵形，两面无毛，有叶柄。花萼钟形，坚纸质，裂片宽三角形；花冠钟形，紫色或暗紫色，冠筒里面被柔毛，裂片半圆形；花盘浅黄色。果实球形。花果期5—8月。

【生境】生于海拔4100～4200米的山谷、山坡、村庄。

【用途】根入药，有镇痛解痉、活血祛瘀、止血生肌之效。

植物 FLORA 茄科

马尿脬 *Przewalskia tangutica*

茄　　科　Solanaceae
马尿脬属　*Przewalskia*

【特征】多年生草本，高4～30厘米。根粗壮，肉质，颈部具数个黄色休眠芽。叶互生，密集于茎上端，长椭圆状卵形或卵形，全缘或微波状，有短缘毛，生于茎下部的叶成鳞片状。花1～3朵生于叶腋；花萼筒状，钟形，5浅裂，生腺质缘毛；花冠筒状漏斗形，檐部黄色，筒部紫色，5浅裂；雄蕊5，不伸出花冠；花药卵状椭圆形，纵裂；花柱显著伸出花冠，柱头2裂，紫色。蒴果球状。种子肾形，黑褐色。花期6—7月，果期8—9月。

【生境】生于海拔4100～5000米的高山砂砾地、干旱草原。

【用途】根及种子入药，有解痉止痛、消肿之效。

茄参 *Mandragora caulescens*

茄　科　Solanaceae

茄参属　*Mandragora*

[特征] 多年生草本，高20～60厘米。根粗壮，肉质。叶在茎上端不分枝时则簇集，分枝时在茎上者较小而在枝条上者宽大，倒卵状矩圆形至矩圆状披针形，顶端钝，基部渐狭而下延到叶柄成狭翼状。花单独腋生，花梗粗壮；花萼辐状钟形，裂片卵状三角形，顶端钝；花冠辐状钟形，暗紫色。浆果球状，多汁液。种子扁肾形，黄色。花果期5—8月。

[生境] 生于海拔4100米的山坡草地。

[用途] 全草入药，治疗肺脓肿。

糙草 *Asperugo procumbens*

紫草科　Boraginaceae
糙草属　*Asperugo*

【特征】一年生蔓生草本，高90厘米。茎中空，攀缘，有纵棱，沿棱有短倒钩刺。下部茎生叶具叶柄，叶片匙形，或狭长圆形，全缘或有明显的小齿，两面疏生短糙毛；中部以上茎生叶无柄，渐小并近于对生。花通常单生于叶腋，具短花梗；花萼5裂，有短糙毛，裂片线状披针形，裂片之间各具2小齿；花冠蓝色，檐部裂片宽卵形至卵形，喉部附属物疣状。小坚果狭卵形，灰褐色。花果期7—9月。

【生境】生于海拔4100米以上的山地草坡。

【用途】全草入药，有凉血、活血之效。

锚刺果 Actinocarya tibetica

紫草科 Boraginaceae
锚刺果属 Actinocarya

【特征】 一年生草本，高3~10厘米。根肉质，颈部具鳞片。茎铺散丛生，被极疏短伏毛或无毛。叶互生，叶片倒卵状披针形或匙形，仅下面疏被短伏毛，先端圆钝，全缘，基部渐狭成锯齿的短柄。花单生于叶腋；花萼片狭椭圆形，花冠白色或淡蓝色，近辐状；雄蕊着生花冠筒中部，花药卵形；花柱短稍高于子房，柱头头状。小坚果狭倒卵形，具锚状刺和短毛，背面有杯状或鸡冠状突起。花果期7—8月。

【生境】 生于海拔4100米以上的河滩草地、灌丛草甸。

【用途】 花朵秀丽，香味清雅，具观赏价值。

西藏微孔草 *Microula tibetica*

紫草科 Boraginaceae
微孔草属 *Microula*

【特征】多年生草本，植株平铺地面，高1厘米左右。地下茎直立，地上茎极度缩短，被短伏毛。叶密集，几呈莲座状，叶片匙形，先端圆钝，基部楔形，边缘近全缘或有波状小齿，上面被短伏毛，散生短刚毛，下面仅具有基盘的短刚毛。花序密集；花梗短，粗壮；花萼裂片狭披针形，外面被短伏毛；花冠蓝色或白色。小坚果卵形，有小瘤状突起和短刺毛，无背孔。花果期7—9月。

【生境】生于海拔4100～5200米的湖边沙滩、山坡流沙、高原草地。

【用途】花色鲜艳，具观赏价值。

微孔草 *Microula sikkimensis*

紫草科 Boraginaceae
微孔草属 *Microula*

[特征] 二年生草本，高5～55厘米。茎自基部起分枝，被短伏毛和开展刚毛。叶片卵形或卵状披针形，两面被短伏毛，并散生刚毛。花序腋生或顶生，常在花序下有一具长柄的花；苞片下部叶状；花萼片线形或狭三角形；花冠蓝色或白色，裂片近圆形。小坚果卵形，有小瘤状突起和短刺毛。花果期6—9月。

[生境] 生于海拔4100米以上的灌丛、草甸、河滩地、砾石堆。

[用途] 全草入药，有清热解毒之效，可治疗眼疾、痘疹等病。

白苞筋骨草 *Ajuga lupulina*

唇形科 Lamiaceae
筋骨草属 *Ajuga*

【特征】多年生草本，高7~35厘米。茎粗壮，直立，四棱形，具槽，沿棱及节上被白色具节长柔毛。叶柄具狭翅，基部抱茎，边缘具缘毛；叶片纸质，披针状长圆形，具缘毛。穗状聚伞花序由多数轮伞花序组成；苞叶大，向上渐小，白黄色、白色或绿紫色，卵形或阔卵形；花梗短，被长柔毛；花萼钟状或略呈漏斗状，萼齿5，狭三角形；花冠白色、白绿色或白黄色，具紫色斑纹，狭漏斗状。小坚果倒卵状或倒卵长圆状三棱形。花期7—9月，果期8—10月。

【生境】生于海拔4100米以上的河滩沙地、高山草地、陡坡石缝。

【用途】全草入药，有清热解毒、凉血消肿之效。

密花香薷 *Elsholtzia densa*

唇形科　Lamiaceae
香薷属　*Elsholtzia*

【特征】一年生草本，高达80厘米。根细而多，须状。茎直立，四棱形，被短柔毛。叶对生，叶片宽披针形至椭圆形，两面被短柔毛。穗状花序圆柱形，密被紫红色念珠状长毛；苞片卵圆形；花萼钟形；花冠紫红色，外面密被紫红色念珠状长毛，二唇型。小坚果4，近球形，暗褐色。花果期6—9月。

【生境】生于海拔4100米以上的林缘、高山草甸、林下、河边。

【用途】全草入药，有发汗解表、化湿和中之效。

黏毛鼠尾草 *Salvia roborowskii*

唇形科　Lamiaceae
鼠尾草属　*Salvia*

【特征】一年生或二年生草本，高10~60厘米。根长锥形，褐色。茎直立，多分枝，钝四棱形，具4槽，密被有黏腺的长硬毛。叶片戟形或戟状三角形，边缘具圆齿，两面被粗伏毛。轮伞花序4~6花，上部密集，下部疏离，组成顶生或腋生的总状花序；下部苞片与叶相同，上部苞片披针形或卵圆形；花萼钟形；花冠黄色，二唇形，上唇直伸，长圆形，全缘，下唇3裂，中裂片倒心形，侧裂片斜半圆形。小坚果倒卵圆形，暗褐色，光滑。花期6—8月，果期9—10月。

【生境】生于海拔4100米以上的山坡草地、沟边阴处、山脚、山腰。

【用途】果实、全草入药，有滋肾补肝、明目之效。

白花枝子花 *Dracocephalum heterophyllum*

唇形科　Lamiaceae
青兰属　*Dracocephalum*

【特征】多年生草本，高5～40厘米。根肉质粗壮，颈部多分枝。茎多数，具4棱，丛生，被白色倒向小毛。叶对生，阔卵形或狭长圆形。轮伞花序密集成穗状；花萼筒状，带紫红色，二唇型，上唇3齿短，下唇2齿长；花冠白色。小坚果倒卵状三棱形，黑褐色。花果期7—8月。

【生境】生于海拔4100米以上的山坡、多石河滩。

【用途】全草入药，有清肺止咳、利胆退黄、凉肝息风、软坚散结之效。

蓝花荆芥 *Nepeta coerulescens*

唇形科　Lamiaceae
荆芥属　*Nepeta*

【特征】多年生草本，高13～40厘米。根茎粗，多分枝。茎多数，丛生，分枝，被短柔毛。叶披针形状长圆形。轮伞花序，在茎枝顶端密集成卵形的穗状花序；苞叶叶状，蓝色；苞片线形，被睫毛；花萼外面被短硬毛及黄色腺点，裂片披针形；花冠蓝色，外面被短柔毛。小坚果4，长圆形，黑色，光滑。花期7—8月，果期8月以后。

【生境】生于海拔4100～4400米的山坡、石缝中。

【用途】全草入药，有清热、祛风、解毒、止血之效。

独一味 *Phlomoides rotata*

唇形科　Lamiaceae
糙苏属　*Phlomoides*

[特征]　多年生草本，高2.5～10.0厘米。根茎伸长，粗厚。叶片常4枚，辐状两两相对，菱状圆形、菱形、扇形、横肾形以至三角形，边缘具圆齿。轮伞花序密集排列成有短莛的头状或短穗状花序，有时下部具分枝而呈短圆锥状；苞片披针形、倒披针形或线形，全缘，具缘毛，小苞片针刺状；花萼管状，萼齿5，短三角形；花冠外被微柔毛，二唇型，上唇近圆形，下唇裂片椭圆形，侧裂片较小。花期6—7月，果期8—9月。

[生境]　生于海拔4100～4500米的高原或高山上强度风化的碎石滩中或石质高山草甸、河滩地。

[用途]　全草入药，有活血祛瘀、消肿止痛之效，用于治疗跌打损伤、骨折、腰部扭伤、关节积液。

宝盖草 *Lamium amplexicaule*

唇形科 Lamiaceae
野芝麻属 *Lamium*

[特征] 一年生或二年生草本，高8～35厘米。茎直立，四棱形，疏被短毛。叶片肾形或圆形，边缘具圆齿，叶脉掌状。轮伞花序多花，疏离；苞片披针状钻形，具缘毛；花萼管状钟形；花冠紫红色或粉红色，外面被短柔毛。小坚果倒卵圆形，具3棱，外面具疣状突起。花果期6—8月。

[生境] 生于海拔4100米的路旁、沼泽草甸、水沟边。

[用途] 全草入药，有活血通络、解毒消肿之效。

肉果草 *Lancea tibetica*

通泉草科　Mazaceae
肉果草属　*Lancea*

[特征] 多年生矮小草本，高3～15厘米。根状茎细长，横走或斜下，节上有鳞片。叶儿成莲座状，倒卵形至矩圆形，近革质，顶端钝，常有小凸尖。花3～5朵簇生或伸长成总状花序，苞片钻状披针形；花萼钟状，革质，萼齿钻状三角形；花冠深蓝色或紫色，花冠上唇直立，下唇开展。果实卵状球形，红色至深紫色，被包于花萼内；种子多数，矩圆形，棕黄色。花期5—7月，果期7—9月。

[生境] 生于海拔4100～4500米的草甸、河漫滩、砾石滩地、灌丛、河边草地。

[用途] 全草、果实入药，全草有清肺化痰之效，果有行气活血、调经止痛之效。

杉叶藻 *Hippuris vulgaris*

车 前 科　Plantaginaceae
杉叶藻属　*Hippuris*

[特征] 多年生水生草本，高16～60厘米。根状茎，节上生不定根。茎直立，圆柱形，不分枝。叶轮生，每轮10～12枚，线形，全缘，无毛。花小，两性，稀单性，单生于叶腋；萼筒浅杯状，包围着雄蕊和花柱下部；无花瓣。核果淡紫色，椭圆形。花果期6—9月。

[生境] 生于海拔4100～5000米的沼泽湖泊中。

[用途] 全草入药，有润肺镇咳、舒肝柔肝、凉血除蒸、清热除烦之效；适于作猪、禽类及草食性鱼类的饲料。

水马齿 *Callitriche palustris*

车前科 Plantaginaceae

水马齿属 *Callitriche*

【特征】一年生草本，高30～40厘米。茎纤细，多分枝。叶互生，在茎顶常密集呈莲座状，浮于水面，倒卵形或倒卵状匙形，先端圆形或微钝，基部渐狭，两面疏生褐色细小斑点，具3脉；茎生叶匙形或线形，无柄。花单性，同株，单生于叶腋，为两个小苞片所托。果倒卵状椭圆形，仅上部边缘具翅，基部具短柄。花果期4—10月。

【生境】生于海拔4100米左右的静水中或沼泽地水中或湿地。

【用途】全草入药，有清热、解毒、利湿消肿之效。

短穗兔耳草 *Lagotis brachystachya*

车前科 Plantaginaceae
兔耳草属 *Lagotis*

【特征】多年生草本，高4～8厘米。根状茎直立，外被纤维状枯叶鞘。从叶腋抽出数条匍匐茎，顶端有须根，可以形成新的植株。叶莲座状，叶片长披针形或线状披针形，全缘，基部下延成翅。花絮穗状；苞片线状披针形，背面被柔毛；花萼膜质，具长缘毛；花冠白色至蓝紫色，筒部直。果实红色，近倒卵形，外果皮肉质。花果期5—8月。

【生境】生于海拔4100米的河滩、河边砂质草地。

【用途】全草入药，有清热止咳、平肝熄风之效。

平车前 *Plantago depressa*

车前科　Plantaginaceae
车前属　*Plantago*

[特征] 一年生或二年生草本,高20～50厘米。有明显的圆柱形直根,须根少。根生叶直立或平展,椭圆状披针形或卵状披针形,无毛或有毛,纵脉3～7条。花茎略带弧状;苞片三角状卵形,萼片上有绿色突起;花冠裂片椭圆形,顶端有浅齿。蒴果圆锥状,果内有种子5粒。花期5—7月,果期7—9月。

[生境] 生于海拔4100～4500米的草地、河滩、草甸。

[用途] 种子入药,有清热、利尿通淋、祛痰、凉血、解毒之效。

藏玄参 *Oreosolen wattii*

玄 参 科 Scrophulariaceae
藏玄参属 *Oreosolen*

【特征】多年生草本，植株高不过5厘米。全体被粒状腺毛。根粗壮。叶生茎顶端，具极短而宽扁的叶柄，叶片大而厚，心形、扇形或卵形，边缘具不规则钝齿，网纹强烈凹陷。花萼裂片条状披针形，花冠黄色，上唇裂片卵圆形，下唇裂片倒卵圆形；雄蕊内藏至稍伸出。种子暗褐色。花果期6—8月。

【生境】生于海拔4100～5100米的高山草甸。

【用途】全草入药，有补髓、接骨、燥黄水之效。

毛颏马先蒿 *Pedicularis lasiophrys*

列当科 Orobanchaceae

马先蒿属 *Pedicularis*

【特征】多年生草本。根须状，丛生于根颈周围。茎直立，不分枝，有条纹，沿纹有毛，以基部为密。叶在基部者最发达，基生者有短柄；叶片长圆状线形，缘有羽状的裂片或深齿。花序头状或伸长为短总状，而下部之花较疏；苞片披针状线形，密生褐色腺毛；萼钟形，亦多毛；淡黄色花冠无毛。椭圆形果黑色，光滑。有小凸尖。种子棕色，有明显的3条狭棱，有蜂窝状孔纹。花期7—8月。

【生境】生于海拔4100～5000米的高山灌丛、草甸、沼泽滩地。

【用途】可供观赏。

轮叶马先蒿 *Pedicularis verticillata*

列 当 科　Orobanchaceae

马先蒿属　*Pedicularis*

【特征】多年生草本，高15～30厘米。主根一般短细，须状侧根不发达；根茎端有膜质鳞片数对。茎直立。叶基长柔毛；叶片长圆形至线状披针形，羽状全裂，较短柄。花序总状；膜质苞片叶状，向前有锯齿，有白色长毛；萼球状卵圆形，常变红色，外面密被长柔毛；花冠紫红色。蒴果形状大小多变。种子黑色，半圆形。花果期6—10月。

【生境】生于海拔4100米以上的潮湿地带。

【用途】根入药，治疗气血虚损，虚劳多汗；盆栽观赏。

甘肃马先蒿 *Pedicularis kansuensis*

列当科　Orobanchaceae
马先蒿属　*Pedicularis*

【特征】一年生或二年生草本，高5~40厘米，干时不变黑，体多毛。草质茎中空，常多条自基部发出。叶片长圆形，有长柄，密毛；披针形茎生叶柄较短，锐头，羽状深裂。花序长，花轮多；苞片下部者叶状；萼下有短梗，膨大为亚球形，主脉明显；花冠裂片圆形，具波状齿的鸡冠状凸起。斜卵形蒴果略自萼中伸出，长锐尖头。花果期6—9月。

【生境】生于海拔4100米以上的林下、河滩、阳性干旱山坡、灌丛、草甸。

【用途】花或全草入药，有清热解毒、祛湿利尿、愈疮、滋补之效。

碎米蕨叶马先蒿 *Pedicularis cheilanthifolia*

列 当 科　Orobanchaceae

马先蒿属　*Pedicularis*

【特征】多年生草本，高5~30厘米。根圆锥状，稍肉质。茎单出或从基部发出数枝，基生叶早枯。叶序线状披针形或卵状披针形，羽状全裂。花序穗状；苞片叶状；花萼筒状钟形，背面脉上密被长毛；花冠花色多变；花药具突尖。种子表面具纵向网纹，腹线有狭齿。花果期6—10月。

【生境】生于海拔4100~4900米的河滩、水沟等水分充足之处，亦见于阴坡灌丛、草坡。

【用途】花或全草入药，有清热解毒、祛湿利尿、愈创、燥黄水、滋补之效。

紫斑碎米蕨叶马先蒿 *Pedicularis cheilanthifolia* subsp. *svenhedinii*

列当科 Orobanchaceae

马先蒿属 *Pedicularis*

[特征] 同原变种碎米蕨叶马先蒿相比，本亚种其盔常是紫斑或有时全为紫色，下唇具明显斑点或脉纹，后方萼齿较长而与原变种不同。花期7—8月。

[生境] 生于海拔4100米以上的高山草甸、高山流石滩边缘草甸。

[用途] 可供观赏。

阿拉善马先蒿 *Pedicularis alaschanica*

列当科 Orobanchaceae

马先蒿属 *Pedicularis*

【特征】多年生草本，高5～35厘米。根圆柱形，木质化。茎被毛。叶对生或3～4枚轮生，叶片卵状长圆形或披针形。花序下部花轮较疏；花萼坛状，花期后膨大，全缘或有细齿；花冠黄色，前缘具厚褶，褶上具乳突，顶端突狭成喙，下唇近肾形；花丝被长柔毛。种子表面具多条纵翅，翅上有网纹。花果期6—10月。

【生境】生于海拔4100米左右的干旱山坡、草甸化草原、河漫滩。

【用途】带果全草入药，有清肝火、散郁结之效。

琴盔马先蒿 *Pedicularis lyrata*

列当科 Orobanchaceae
马先蒿属 *Pedicularis*

【特征】一年生草本，植株低矮，高2~6厘米。直立，密被短柔毛。茎单出，不分枝，略具棱角。叶对生，基生叶具长柄，扁平，具狭翅；茎生叶柄较短或近于无柄，在碎冰纹网脉间有块状突起，间有白色肤屑状物，边缘有大圆齿，齿上有时有重齿。总状花序顶生，近于头状，花少；花冠黄色，较窄而小，盔下缘前端除1对主齿外，尚有清晰的附加小齿3~4枚，下唇3裂，裂片圆形，缘无毛，具有刺尖的细齿。蒴果斜拔针状卵形。花期7—8月，果期9月。

【生境】生于海拔4100米的高山草地。

【用途】叶子及根入药，可清热解毒、消炎止痛等；可作为草药食材，调节身体机能，增强免疫力；观赏价值。

团花马先蒿 *Pedicularis sphaerantha*

列当科 Orobanchaceae
马先蒿属 *Pedicularis*

[特征] 多年生草本，高8～15厘米。根肉质，纺锤形。茎单一或从基部发出数条，被毛。叶对生，基生叶具长柄；茎生叶近无柄，叶片椭圆形或宽椭圆形，羽状深裂，裂片线形。花序密集成近头状；花萼筒状钟形，具柄；花冠紫红色，喙部颜色较深。种子细小，具纵网纹。花果期7—9月。

[生境] 生于海拔4100～5000米的高山湿草甸。

[用途] 全草入药，用于治疗气血虚损、虚劳多汗、虚脱衰竭、高血压。

华马先蒿 *Pedicularis oederi* var. *sinensis*

列 当 科　Orobanchaceae
马先蒿属　*Pedicularis*

【特征】多年生草本，高5～15厘米。根肉质。茎被长柔毛。基生叶发达，叶片线状长圆形，羽状全裂，裂片浅裂，两面多少被毛；茎生叶互生，2～4枚。花序总状紧密；苞片基部卵状披针形，上部有齿；花萼筒状；花冠除盔端紫色或黑紫色外，其余黄色，筒部在近端处稍弓曲，直立部分的前缘中部具不明显三角形突起，前端圆钝，前缘有凸尖，下唇近肾形，开展，中裂片近圆形，基部具柄，向前凸出。种子表面具细条纹，有横纹。花期6—8月，果期7—10月。

【生境】生于海拔4100米以上的高山灌丛草甸、沼泽草甸、流石滩石隙处。

【用途】花、根入药，花有利水消肿之效，用于治疗诸种水肿症，根有祛风除湿、利尿通淋、杀虫疗癣之效。

青藏马先蒿 *Pedicularis przewalskii*

列当科　Orobanchaceae
马先蒿属　*Pedicularis*

【特征】多年生低矮草本，高6～12厘米。干时不变黑或仅稍稍变黑。根多数，成束，多少纺锤形而细长，有须状细根发出。根状茎粗短，稍有鳞片残余；茎多单条，有时极粗壮，生叶极密。叶基出与茎出，下部者有长柄，上部者柄较短，叶片线状长圆形，边缘浅裂，两面多少被毛。花序在小植株中仅合3～4花，在大植株中可达20以上，花柱不伸出。蒴果斜长圆形，有短尖头，约长于萼1倍。花期6—7月。

【生境】生于海拔4100～4830米的高山湿草地。

【用途】花入药，有清热、解毒、利尿之效。

管状长花马先蒿 *Pedicularis longiflora* var. *tubiformis*

列当科 Orobanchaceae

马先蒿属 *Pedicularis*

【特征】多年生草本，高8~15厘米。叶披针形至狭披针形，羽状深裂至全裂。花腋生，花冠黄色，具长的喙，下唇近喉处具2个棕红色或紫褐色的色斑。花果期6—9月。

【生境】生于海拔4100米以上的高山草甸、沼泽。

【用途】全草入药，有清热解毒、强筋利水、固精之效。

植物 FLORA

密生波罗花 *Incarvillea compacta*

紫葳科 Bignoniaceae
角蒿属 *Incarvillea*

[特征] 多年生草本，花期高达20厘米，果期高30厘米。根肉质，圆锥状。叶为一回羽状复叶，聚生茎基部；侧生小叶2～6对，卵形。总状花序密集，聚生茎顶端；花萼钟状，绿色或紫红色，具深紫色斑点，萼齿三角形；花冠红色或紫红色，花冠筒外面紫色，具黑色斑点，内面具少数紫色条纹，裂片圆形。蒴果长披针形。花期5—7月，果期8—12月。

[生境] 生于海拔4100米的空旷石砾山坡、灌丛。

[用途] 花、种子、根入药，有理气止痛、调经止血、平肝潜阳、清热除湿之效。

狸藻 > *Utricularia vulgaris*

狸藻科　Lentibulariaceae

狸藻属　*Utricularia*

【特征】水生草本。匍匐枝圆柱形，长15～80厘米，多分枝，无毛。叶器多数，互生，2裂达基部，裂片卵形、椭圆形或长圆状披针形，先羽状深裂，后二至四回二歧状深裂；末回裂片毛发状，顶端急尖或微钝，边缘具数个小齿，顶端及齿端各有一至数条小刚毛，其余部分无毛。捕虫囊多数，侧生于叶器裂片上，斜卵球状。花序直立；苞片与鳞片同形，基部着生，宽卵形、圆形或长圆形，顶端急尖。花萼2裂达基部，裂片近相等，卵形至卵状长圆形；花冠黄色，无毛。花期6—8月，果期7—9月。

【生境】生于海拔4100米的湖泊、沼泽。

【用途】全草入药，主治内脏出血和慢性支气管炎；美化水体。

植物 FLORA

岩生忍冬 *Lonicera rupicola*

忍冬科　Caprifoliaceae
忍冬属　*Lonicera*

[特征] 落叶灌木，高达1.5～2.5米。小枝纤细，叶脱落后小枝顶常呈针刺状。叶纸质，条状披针形、矩圆状披针形至矩圆形，顶端尖或稍具小凸尖或钝形，基部楔形至圆形或近截形，两侧不等，边缘背卷。花生于幼枝基部叶腋，芳香，总花梗极短；凡苞片、小苞片和萼齿的边缘均具微柔毛和微腺。花期5—8月，果期8—10月。

[生境] 生于海拔4100～4950米的高山灌丛草甸、流石滩边缘、山坡灌丛中。

[用途] 叶、花蕾入药，有温胃止痛之效。

矮生忍冬 *Lonicera rupicola* var. *minuta*

忍冬科　Caprifoliaceae
忍冬属　*Lonicera*

[特征]　落叶小矮灌木，高5～30厘米。多分枝，小枝淡黄褐色，被小柔毛，老枝灰褐色。叶对生，条形或条状倒披针形，先端钝，边缘反卷。花生于当年小枝下部，几无总花梗，芳香；花冠淡紫红色，筒状漏斗形。果实卵圆形或近圆形。花果期6—8月。

[生境]　生于海拔4100米的河滩、山坡。

[用途]　可供观赏；可入药，味甘，有清热解毒、抗炎、补虚疗风之效。

青海刺参 *Morina kokonorica*

忍冬科　Caprifoliaceae
刺参属　*Morina*

[特征] 多年生草本，高20～70厘米。根肉质。茎直立，具棱，下部具明显的沟槽，光滑，上部被绒毛，基部多有残存的褐色纤维状残叶。基生叶丛生，茎生叶轮生。轮伞花序，多达10轮；花冠淡绿色，外被毛，瘦果褐色，圆柱形，近光滑，有棱。花期6—8月，果期8—9月。

[生境] 生于海拔4100～4500米的山坡、山谷草地上。

[用途] 全草入药，有和胃止痛、消肿排脓之效。

喜马拉雅沙参 Adenophora himalayana

桔梗科　Campanulaceae
沙参属　*Adenophora*

[特征] 多年生草本，高20~25厘米。茎常数支发自一条茎基上，不分枝，通常无毛，少数有倒生短毛。基生叶心形或近于三角形卵形；茎生叶卵状披针形、狭椭圆形至条形，无柄或有时茎下部的叶具短柄，全缘至疏生不规则尖锯齿，无毛或极少数有毛。花冠蓝色或蓝紫色，钟状。蒴果卵状矩圆形。花期7—9月。

[生境] 生于海拔4100~4700米的高山草地、灌丛。

[用途] 根入药，有养阴清热、润肺化痰、益胃生津之效。

阿尔泰狗娃花 *Aster altaicus*

菊　科　Asteraceae
紫菀属　*Aster*

- 【特征】多年生草本，高15～40厘米。根木质，有分枝。茎由基部起多分枝。叶线形、长圆形或倒披针形，全缘，两面有短粗毛或细毛，常有腺点。头状花序多数，单生于枝端或排列成伞房状。舌状花蓝色，管状花黄色。瘦果倒卵状长圆形，被毛；冠毛红褐色，糙毛状。花果期7—10月。

- 【生境】生于海拔4100米以上的河滩、山坡。

- 【用途】根、花或全草入药，有清热降火、排脓止咳之效。

萎软紫菀 *Aster flaccidus*

菊　科　Asteraceae
紫菀属　*Aster*

【特征】多年生草本，高5～35厘米。根状茎细长，有分枝，具匍匐枝。茎单生，直立，不分枝，被白色长毛，上部混生腺毛。莲座状叶和基生叶长圆状匙形或卵形，全缘，常两面被长毛，有离基三出脉；中上部常无叶。头状花序单生于茎端；总苞半球形；总苞片2层；舌状花蓝紫色，管状花黄色。瘦果有毛；冠毛2层，外层极短，内层糙毛状。花果期7—9月。

【生境】生于海拔4100米以上的河滩、草甸、高山草甸、高山流石滩。

【用途】花入药，有清热止咳之效。

植物 FLORA

菊科

云南紫菀 *Aster yunnanensis*

菊　科　Asteraceae
紫菀属　*Aster*

【特征】多年生草本，高30～40厘米，稀达70厘米。茎直立，粗壮，上部有疏生的叶。基部叶在花期枯萎，下部叶及莲座状叶长圆形，倒披针状或匙状长圆形；中部叶渐短，长圆形，半抱茎；上部叶小，卵圆形或线形；全部叶上面被疏毛。头状花序单生。总苞半球形，总苞片卵圆状或线状披针形，深绿色。舌状花蓝色或浅蓝色，管状花上部黄色。冠毛白色，膜片状。瘦果长圆形。花期7—9月，果期9—10月。

【生境】生于海拔4100米以上的高山开旷坡地、草地。

【用途】花序入药，有清热解毒、降血压之效。

重冠紫菀 *Aster diplostephioides*

菊　科　Asteraceae
紫菀属　*Aster*

【特征】多年生草本，高20～60厘米。根状茎粗，发达，分枝；茎直立不分枝，基部被褐色纤维状枯叶柄，上部被长节毛和紫黑色具柄腺体。莲座状叶和茎下部叶长圆状匙形或倒披针形，全缘，基部渐狭成长柄，两面被有节短毛，中脉在下面突起；茎中上部叶苞叶状，较小。头状花序单生；总苞半球形；总苞片背面被较密的黑色腺毛；舌状花片蓝紫色，管状花黄色。瘦果被毛及腺体。花果期8—9月。

【生境】生于海拔4100～4600米的灌丛、草甸。

【用途】花序和根入药，有清热解毒、止咳化痰之效。

长叶火绒草 *Leontopodium junpeianum*

菊　　科　Asteraceae
火绒草属　*Leontopodium*

【特征】 多年生草本，高3~25厘米。根状茎多分枝，有多数不育茎和少数花茎，密丛生；茎直立，紫红色，被白色柔毛或茸毛。基部叶线状匙形，柄基部扩大成紫红色叶鞘；茎中部叶直立，线形；全部叶上面脱毛或无毛，绿色，下面被白色茸毛。头状花序多数或少数，密集；小花异形，雌雄异株；冠毛白色，较花冠稍长。花期7—8月，果期9—10月。

【生境】 生于海拔4100~4800米的高山湿润草地、洼地、灌丛或岩石上。

【用途】 全草入药，有疏风清热、止咳化痰之效。

弱小火绒草 *Leontopodium pusillum*

菊　　科　Asteraceae

火绒草属　*Leontopodium*

【特征】矮小多年生草本。根状茎分枝细长，丝状，有疏生的褐色短叶鞘，后叶鞘脱落，莲座状叶丛围有枯叶鞘，散生或疏散丛生；莲座丛叶圆匙形、匙形或线状匙形茎生叶与莲座丛叶同形，较小，全部叶两面被白色或银白色密茸毛。花茎极短，细弱，草质，被白色密茸毛，全部有较密的叶。小花异形或雌雄异株。雄花花冠上部狭漏斗状，有披针形裂片；雌花花冠丝状。瘦果无毛或稍有乳头状突起。花期7—8月。

【生境】生于海拔4100～5000米，常大片生长，成为草滩上的主要植物。

【用途】可作羊饲草。

铃铃香青 *Anaphalis hancockii*

菊　科　Asteraceae

香青属　*Anaphalis*

【特征】多年生草本，高3～30厘米。根状茎细长，有分枝；茎直立，上部被白色蛛丝状毛和头状具柄腺体。莲座状叶与茎下部叶匙状或线状长圆形，中部及上部叶直立，贴生，线形；全部叶两面被头状具柄腺体，边缘被蛛丝状棉毛。头状花序在茎端密集成复伞房状；总苞宽钟状，上部白色，基部黑褐色，卵形至长圆披针形。瘦果长圆形，具乳突。花果期7—9月。

【生境】生于海拔4100米的河滩草地、山谷、山坡、灌丛中、高山草甸。

【用途】全草入药，有清热、燥湿、杀虫之效。

乳白香青 *Anaphalis lactea*

菊　科　Asteraceae

香青属　*Anaphalis*

【特征】多年生草本，高3～50厘米。全株密被灰白色绒毛。根状茎粗，木质；茎丛生，直立。莲座状叶披针状或匙状长圆形，下部渐狭成具翅基部鞘状的长柄；茎下部叶稍小，边缘平，顶端尖；中部及上部叶直立或依附于茎上，长椭圆形或线形，基部沿茎下延成狭翅。头状花序多数，聚成复伞房状；总苞钟状，上部白色，下部淡褐色。瘦果黄褐色，近无毛；冠毛白色，粗毛状。花果期7—9月。

【生境】生于海拔4100米的高山草甸、灌丛中、河边。

【用途】全草入药，有清热止咳、散瘀止血之效。

川西小黄菊 *Tanacetum tatsienense*

菊　科　Asteraceae

菊蒿属　*Tanacetum*

[特征]　多年生草本，高7～25厘米。茎单生或少数茎成簇生，不分枝，有弯曲的长单毛，上部及接头状花序处的毛稠密。基生叶椭圆形或长椭圆形，二回羽状分裂，一二回全部全裂，全部苞片边缘黑褐色或褐色膜质。舌状花橘黄色或微带橘红色，舌片线形或宽线形，顶端3齿裂。瘦果具椭圆形突起的纵肋。花果期7—9月。

[生境]　生于海拔4100～5200米的高山草甸、灌丛、山坡砾石地。

[用途]　全草入药，有活血、祛湿、消炎止痛之效。

细裂亚菊 *Ajania przewalskii*

菊　科　Asteraceae

亚菊属　*Ajania*

【特征】多年生草本，高35～80厘米。地下短匍茎生褐色卵形鳞苞；茎直立，红紫色，被白色短柔毛，仅茎顶有伞房状短花序分枝。叶全形宽卵形、卵形，有叶柄，叶两面异色，上面绿色，无毛或有稀疏短柔毛，下面灰白色，被稠密短柔毛。头状花序在茎枝顶端排成大型复伞房花序、圆锥状伞房花序或伞房花序；总苞钟状，外层总苞片卵形或披针形，中内层椭圆形至倒披针形或披针形。花果期7—9月。

【生境】生于海拔4100～4500米的山坡林缘、岩石。

【用途】地上部分入药，有止血、消散四肢肿胀之效。

臭蒿 *Artemisia hedinii*

菊科 Asteraceae

蒿属 *Artemisia*

【特征】一年生草本，高3～100厘米。有浓烈臭味。茎单生，枝斜上升，密集，被腺毛。叶绿色，背面密生腺毛；茎下部叶多数，密集，椭圆形，二回栉齿状羽状分裂；茎中上部叶二回栉齿状羽状分裂；苞片叶一回栉齿状羽状分裂。头状花序半球形，在茎上部组成圆锥花序；两性花紫红色，外面有腺点。花果期7—10月。

【生境】生于海拔4100～5000米的湖边草地、河滩、路旁等。

【用途】地上部分入药，有清热、凉血、退黄、消炎之效。

黄花蒿 *Artemisia annua*

菊科　Asteraceae

蒿属　*Artemisia*

【特征】一年生草本，高1.5米。全体近于无毛。茎直立，圆柱形，表面具纵浅槽，幼时绿色，老时变为褐色或红褐色；下部木质化，上部多分枝。茎生叶互生；三回羽状细裂，裂片先端尖，上面绿色，下面黄绿色，叶向上渐小，分裂更细。头状花序球形，下垂，排列成金字塔形、具叶片的圆锥花序；总苞平滑无毛，苞片2～3层，背面中央部分绿色，边缘淡黄色，膜质状而透明；花托矩圆形，花均为管状花，黄色。瘦果卵形，淡褐色。花果期7—9月。

【生境】生于海拔4100米以上的荒地、山坡。

【用途】全草入药，有清热解疟、祛风止痒之效。

橙舌狗舌草 *Tephroseris rufa*

菊　　科　Asteraceae
狗舌草属　*Tephroseris*

【特征】多年生草本，高5～50厘米。根状茎粗，具须根；茎直立，被密白色蛛丝状绵毛和有节柔毛，后脱毛。基生叶倒卵状长圆形、长圆形或卵形；茎生叶向上渐小，下部叶倒卵状长圆形；中上部叶长圆形、披针形至线形，两面被白色蛛丝状毛。头状花序辐射状，单生或少数，在茎端排列成伞房状伞形；总苞宽钟状；总苞片20以上，线形，紫褐色，舌状花橙红色或橙黄色，舌片线状长圆形；管状花与舌状花同色。瘦果棕红色，无毛；冠毛白色或淡褐色。花果期6—9月。

【生境】生于海拔4100米以上的山坡、草地、路旁。

【用途】全草入药，有清热解毒、利水消肿、杀虫之效。

天山千里光 Senecio thianschanicus

菊　　科　Asteraceae

千里光属　*Senecio*

【特征】多年生草本，高3～40厘米。根状茎短，具须根；茎单生或数个簇生，不分枝或少自基部分枝。基生叶和下部茎叶在花期生存，具梗，叶片倒卵形或匙形，近全缘，具浅齿或浅裂；中部茎叶无柄，长圆形，边缘具浅齿至羽状浅裂，基部半抱茎，羽状脉；上部叶较小，线形全缘，两面无毛。头状花序具舌状花，排列成顶生疏伞房花序，稀单生；舌状花约10，舌片黄色，长圆状线形；管状花26～27；花冠黄色。瘦果圆柱形，无毛；冠毛白色或污白色。花果期7—9月。

【生境】生于海拔4100米以上的草坡、河滩、水边、山谷、林缘。

【用途】可供观赏。

黄帚橐吾 *Ligularia virgaurea*

菊 科 Asteraceae

橐吾属 *Ligularia*

【特征】多年生灰绿色草本，高达60厘米。根肉质，多数，簇生。茎直立，光滑，基部被枯叶柄纤维包围。丛生叶和茎基部叶具柄和翅，具紫红色鞘，叶片椭圆形，全缘至有齿，边缘有时略反卷，基部楔形，具翅柄，两面光滑，叶脉羽状；茎生叶小，无柄，常筒状抱茎。总状花序；苞片线状披针形；头状花序多数，辐射状，下垂；总苞陀螺形；总苞片8～10；舌状花长圆形，黄色；管状花多数，黄色。瘦果长圆形，光滑。花果期7—9月。

【生境】生于海拔4100～4700米的河滩、沼泽草甸、阴坡湿地、灌丛。

【用途】全草入药，有清宿热、解毒愈疮、干黄水、催吐之效。

褐毛垂头菊 *Cremanthodium brunneopilosum*

菊　　科　Asteraceae
垂头菊属　*Cremanthodium*

[特征] 多年生草本，高20～60厘米。全株灰绿色或蓝绿色。根肉质。茎单生，最上部被白色或上半部白色，下半部褐色且有节长柔毛，基部密被枯叶柄。基生叶与茎下部叶长椭圆形至披针形，全缘或有骨质小齿，基部下延成翅状柄；茎中上狭部叶椭圆形，抱茎；最上部叶披针形，苞叶状。头状花序辐射状排成总状花序；花序梗被褐毛；总苞半球形，密被褐色有节柔毛，总苞片2层，披针形或长圆形；舌状花黄色，舌片线状披针形，先端尾状渐尖，近透明；管状花多数。冠毛白色。瘦果圆柱形，光滑。花果期6—9月。

[生境] 生于海拔4100米以上的沼泽草甸、河滩草甸、水边。

[用途] 地上部分入药，有清热凉血之效。

藏蓟 *Cirsium arvense* var. *alpestre*

菊科　Asteraceae

蓟属　*Cirsium*

【特征】多年生草本，高20～100厘米。根状茎细长，横走，多分枝；茎直立。叶椭圆形、长圆形至披针形，向上渐小，常无叶柄，两面近无毛，同色，边缘具小刺。头状花序生于枝和茎端；总苞钟状，有刺；雌雄异株；花冠紫红色。瘦果略扁平，光滑；冠毛污白色，羽毛状。花果期7—9月。

【生境】生于海拔4100～4300米的山坡草地、荒地、河滩和路旁。

【用途】可作饲用。

葵花大蓟 *Cirsium souliei*

菊科　Asteraceae
蓟属　*Cirsium*

【特征】多年生铺散草本，高2～15厘米。主根粗，直伸，须根多数。叶基生，莲座状，狭披针形或长椭圆状披针形，先端急尖，羽状浅裂或深裂，两面同色，绿色，下面色淡，沿脉有多细胞长节毛，顶端和边缘具小刺。头状花序多数，簇生于莲座状叶丛中；总苞半球形，总苞片多层，近等长或向内层稍长，外层卵状披针形或披针形，内层线形；小花管状，紫红色。瘦果黑褐色；冠毛污白色，多层，羽状。花果期7—9月。

【生境】生于海拔4100～4800米的高山草地、河滩荒地、退化草滩。

【用途】全草入药，有凉血止血、散瘀消肿之效。

钝苞雪莲 *Saussurea nigrescens*

菊　　科　Asteraceae
风毛菊属　*Saussurea*

[特征] 多年生草本，高15～45厘米。根状茎细；茎簇生或单生，直立，被稀的长柔毛或无毛，基部被残存叶柄。基生叶线状披针形或长圆形，先端渐尖，基部楔形，边缘有倒生细尖齿，两面疏被长柔毛；茎生叶与基生叶同形，基部半抱茎；最上部叶小，苞叶状，紫红色。头状花序；总苞狭钟状；小花紫色。瘦果长圆形；冠毛2层，污白色或淡棕色。花果期9—10月。

[生境] 生于海拔4100米以上的高山草地。

[用途] 全草入药，有活血调经、清热明目之效。

红柄雪莲 *Saussurea erubescens*

菊　　科　Asteraceae

风毛菊属　*Saussurea*

【特征】多年生草本，高15～30厘米。根粗大，圆柱状。茎直立，单生，基部被褐色纤维状撕裂叶柄残迹，密被黄白色长柔毛。基生叶及下部茎生叶叶片宽披针形或长椭圆形，顶端尖，基部渐狭成叶柄。头状花序1～12个，极少单生于茎顶，花梗密被白色长柔毛；总苞倒圆锥状，全部或边缘黑褐色，外面被白色长柔毛，外层卵状披针形，中、内层线形；小花黑紫色，管部与檐部等长。瘦果长圆形，冠毛2层，淡褐色，外层短，糙毛状，内层长，羽毛状。花果期7—9月。

【生境】生于海拔4100～4800米的沼泽草地、河边、山谷、山顶、草甸。

【用途】全草入药，有清热解毒、祛风透疹、活血调经之效。

星状雪兔子 *Saussurea stella*

菊　　科　Asteraceae
风毛菊属　*Saussurea*

【特征】多年生无茎草本,高2~10厘米。一次结实,全株光滑无毛。根粗壮,密被棕色枯叶柄。叶莲座状,线状披针形,无柄,先端渐尖,全缘,紫红色。头状花序多数,在叶丛中密集成半球形;总苞圆柱形,紫红色,有缘毛;小花管状,紫红色。瘦果光滑,冠毛2层,内层羽毛状,白色。花果期7—9月。

【生境】生于海拔4100~5100米的河滩草甸、沼泽草甸。

【用途】全草入药,有解毒疗疮、祛风除湿之效。

异色风毛菊 *Saussurea brunneopilosa*

菊　　科　Asteraceae
风毛菊属　*Saussurea*

{特征} 多年生草本，高5~40厘米。根状茎粗，被褐色枯叶柄；茎直立，不分枝，带紫褐色，被白色绢状毛。叶线形，上面光滑，下面被白色绒毛，有时两面有毛。基生叶很长，茎生叶较短。头状花序常单生；总苞近球形，总苞片4层，外层卵状椭圆形，紫褐色，外弯，中层椭圆状披针形，顶端紫色，内层线状披针形，外面紫色，全部总苞外面被褐色和白色的长柔毛，小花管状紫红色。瘦果无毛。花果期7—9月。

{生境} 生于海拔4100米的灌丛、山坡、高山草甸。

{用途} 全草入药，有清热凉血之效。

美丽风毛菊 *Saussurea pulchra*

菊　　科　Asteraceae
风毛菊属　*Saussurea*

【特征】多年生草本，高8～27厘米。根状茎粗短，被稠密的褐色叶残迹；茎直立，密被白色粗毛。基生叶莲座状，倒披针形或椭圆形，全缘，偶有小齿，密被白色缘毛；茎生叶狭倒披针形至线状披针形，较小。头状花序单生；总苞宽钟形，无毛，总苞片4～5层，不等长，外层黑褐色，卵状披针形，内层线状披针形或线形，上半部黑褐色，下半部黄色；小花管状，蓝紫色。瘦果无毛，有黑色花纹；冠毛2层，外层白色，内层淡褐色。花果期7—9月。

【生境】生于海拔4100～4600米以上的山坡草地、滩地、高山草甸。

【用途】根入药，有清热解毒、解表透疹之效。

重齿风毛菊 Saussurea katochaete

菊 科 Asteraceae

风毛菊属 *Saussurea*

【特征】多年生无茎莲座状草本。根垂直直伸。根状茎短，被稠密的纤维状撕裂的叶柄残迹。叶莲座状，有宽叶柄，被稀疏的蛛丝毛或无毛，叶片椭圆形、椭圆状长圆形、匙形、卵状三角形或卵圆形。头状花序1个，无花序梗或有短花序梗，顶端急尖，全部总苞片外面无毛；小花紫色。花果期7—10月。

【生境】生于海拔4100米以上的山坡草地、山谷沼泽地、河滩草甸。

【用途】全草入药，有清热解毒、祛风透疹、活血调经、镇静之效。

狮牙草状风毛菊 *Saussurea leontodontoides*

菊　　科　Asteraceae
风毛菊属　*Saussurea*

[特征]　多年生草本，高4～10厘米。根状茎有分枝，被稠密的暗紫色的叶柄残迹，残柄有时纤维状撕裂；茎极短，灰白色，被稠密的蛛丝状棉毛至无毛。叶莲座状，有叶柄，叶线状长椭圆形，羽状全裂，裂片两面异色，上面绿色，被稀疏糙毛，下面灰白色，被稠密的绒毛。头状花序单生于莲座状叶丛或莲座状之上；总苞宽钟状，总苞片5层，无毛；小花紫红色。瘦果圆柱形，有横皱纹；冠毛淡褐色。花果期8—10月。

[生境]　生于海拔4100～5100米的山坡砾石地、草地、灌丛边缘。

[用途]　不详。

深裂蒲公英 *Taraxacum scariosum*

菊　　科　Asteraceae
蒲公英属　*Taraxacum*

【特征】多年生草本，高8~35厘米。根颈部被少量暗褐色残存叶基。叶线形或狭披针形，羽状浅裂至羽状深裂，顶端裂片戟形或狭戟形，两侧的小裂片狭尖，侧裂片三角状披针形至线形，裂片间常有缺刻或小裂片，无毛或被疏柔毛。花葶幼时被绵毛；头状花序，总苞基部卵形，外层总苞片宽卵形、卵形或卵状披针形，内层总苞片线形或披针形；舌状花黄色，花冠无毛。瘦果倒卵状披针形，麦秆黄色或褐色，具少量纵沟；冠毛污白色。花果期4—9月。

【生境】生于海拔4100米以上的河谷、山坡、灌丛。

【用途】全草入药，有清热解毒、利尿散结之效。

植物 FLORA 菊科

空桶参 *Soroseris erysimoides*

菊　　科　Asteraceae
绢毛苣属　*Soroseris*

【特征】多年生草本，高5～30厘米。茎直立，单生，圆柱状，不分枝，无毛或上部被稀疏或稍稠密的白色柔毛。叶多数，沿茎螺旋状排列，中下部茎生叶线舌形、椭圆形或线状长椭圆形，基部楔形渐狭成柄，上部茎生叶及接团伞花序下部的叶与中下部叶同形，渐小，全部叶两面无毛或叶柄被稀疏的长或短柔毛。头状花序多数，在茎端集成团伞状花序；总苞狭圆柱状，舌状小花黄色，4枚。瘦果红棕色；冠毛鼠灰色或淡黄色。花果期6—10月。

【生境】生于海拔4100米以上的高山灌丛、草甸、流石滩、碎石带。

【用途】带根全草入药，有润肺镇咳、消炎、下乳、调经、止血之效。

无茎黄鹌菜 *Youngia simulatrix*

菊　　科　Asteraceae
黄鹌菜属　*Youngia*

【特征】多年生矮小草本，高1.5～5.0厘米。根颈覆枯叶柄；茎极短，发出伞状分枝。叶基生莲座状，倒披针形，边缘全缘、波状齿或羽状半裂，两面被短柔毛或上面无毛，叶柄短。头状花序簇生于莲座状叶丛中或顶端，花序梗无毛。总苞圆柱状钟形，干后黑绿色或淡黄绿色；总苞片4层，中外层极短，卵形，内层及最内层长，披针形；全部总苞片外面及内面无毛；舌状小花黄色，花冠管外面无毛。瘦果黑褐色；冠毛2层，白色。花果期7—10月。

【生境】生于海拔4100～5000米的山坡草地、河滩砾石地。

【用途】可供药用，主治疮疖、扁桃体炎、结膜炎等症。

水麦冬 *Triglochin palustris*

水麦冬科　Juncaginaceae
水麦冬属　*Triglochin*

[特征] 多年生湿生草本，高15~40厘米。具有多数须根。条形叶基生。花葶细长，直立，圆柱形，无毛；总状花序，花排列较疏散，无苞片；花被片6枚，绿紫色，椭圆形或舟形。蒴果棒状条形，仅顶部联合。花果期6—10月。

[生境] 生于海拔4100米以上的湿地、沼泽地、盐碱湿草地。

[用途] 果实入药，有消炎止泻之效。

海韭菜 *Triglochin maritima*

水麦冬科　Juncaginaceae
水麦冬属　*Triglochin*

[特征] 多年生草本，高5～40厘米。植株稍粗壮。须根密集，条形叶基生，顶端与叶舌相连。花葶直立，较粗壮，圆柱形，光滑，中上部着生多数排列较紧密的花，呈顶生总状花序，无苞片。花两性；花绿色，被片6枚，外轮呈宽卵形，内轮较狭。蒴果六棱状椭圆形或卵形，成熟后呈6瓣开裂，顶部联合。花果期6—10月。

[生境] 生于海拔4100米以上的山坡湿草地。

[用途] 全草入药，有清热养阴、生津止渴之效。

篦齿眼子菜 *Stuckenia pectinata*

眼 子 菜 科　Potamogetonaceae
篦齿眼子菜属　*Stuckenia*

【特征】多年生沉水草本。有细线状根状茎，秋季生有白色卵圆形小块根；茎的下部较粗，上部呈叉状密分枝。叶线形，长2～10厘米，基部与托叶贴生成鞘，鞘绿色，边缘叠压抱茎，顶端具小舌片，叶脉3，平行，顶端连接，中脉显著，有与之近于垂直的次级叶脉，边脉细弱。穗状花序顶生，浮于水面，花序柄与茎等粗，黄绿色至绿红色；小花稀疏排列于穗轴上，呈念珠状或较紧密呈棒状；花被片4，圆形或宽卵形。果实倒卵形。花果期5—10月。

【生境】生于海拔4100米左右的湖泊、河流浅滩。

【用途】全草可作鸭饲料。

展苞灯芯草 *Juncus thomsonii*

灯芯草科　Juncaceae
灯芯草属　*Juncus*

【特征】多年生小草本，高5～30厘米。须根褐色。根状茎横走，黄白色，有时红褐色；茎直立，丛生，圆柱形，淡绿色。叶细线形，叶鞘红褐色，边缘膜质，叶耳明显，钝圆。头状花序单一顶生；苞片卵状披针形，总苞片鳞片状，膜质，淡黄色至红褐色；花被片长圆状披针形，黄色或淡黄色。蒴果三棱状椭圆形，红褐色至黑褐色。种子长圆形。花期7—8月，果期8—9月。

【生境】生于海拔4100～5000米的高山草甸、沼泽地。

【用途】全草入药，有清热、利尿、凉血之效。

太白山葱 *Allium prattii*

石蒜科　Amaryllidaceae
葱　属　*Allium*

【特征】多年生草本，高8～23厘米。鳞茎单生或聚生，近圆柱状，外皮灰褐色至黑褐色，破裂成纤维状，呈明显的网状。叶2～3枚，紧靠或近对生状，常为条形、条状披针形、椭圆状披针形或椭圆状倒披针形。花葶圆柱状，下部被叶鞘；伞形花序半球状，具多而密集的花；花紫红色至淡红色，稀白色；内轮花被片披针状矩圆形至狭矩圆形，外轮宽而短，狭卵形、矩圆状卵形或矩圆形。花果期6—9月。

【生境】生于海拔4100～4900米的阴湿山坡、灌丛。

【用途】全草入药，有发汗、散寒、健胃、接骨之效。

天蓝韭 *Allium cyaneum*

石蒜科　Amaryllidaceae
葱　属　*Allium*

【特征】多年生草本，高7～30厘米。鳞茎数枚聚生，圆柱形，细长，外皮暗褐色。叶半圆柱形，上面具沟槽。花葶圆柱形，常在下部被叶鞘；伞形花序近扫帚状，有时半球形，少花或多花，常疏散；花天蓝色或深蓝色，花被片卵形或矩圆状卵形，花柱伸出花被外。花果期8—10月。

【生境】生于海拔4100～5000米的山坡、草地。

【用途】全草入药，有散风寒、通阳气之效。

镰叶韭 *Allium carolinianum*

石蒜科 Amaryllidaceae

葱 属 *Allium*

【特征】 多年生草本，高7~50厘米。鳞茎单生或聚生，狭卵状至卵状圆柱形，外皮褐色。叶扁平，宽条形，常弯曲，钝头。花葶粗壮，下部被叶鞘；总苞常带紫色，2裂，宿存；花梗极短，基部无小苞片；伞形花序球状，具多而密集的花；花紫红色、淡紫色、淡红色至白色，花被片狭矩圆形至矩圆形；花丝锥形，长于花被片，外露，基部合生；花柱伸出花被外。花果期6—9月。

【生境】 生于海拔4100~5000米的砾石山坡、草地。

【用途】 鳞茎可食用。

青甘韭 *Allium przewalskianum*

石蒜科　Amaryllidaceae
葱　属　*Allium*

【特征】多年生草本，高14厘米。鳞茎数枚聚生，有时基部被以共同的网状鳞茎外皮，狭卵状圆柱形；鳞茎外皮红色，较少为淡褐色，破裂成纤维状，呈明显的网状，常紧密地包围鳞茎。叶半圆柱状至圆柱状，具4～5纵棱。伞形花序球状或半球状，具多而稍密集的花；花淡红色至深紫红色。花果期6—9月。

【生境】生于海拔4100米的干旱山坡、石缝、灌丛、草坡。

【用途】种子入药，有消肿、干黄水、健胃之效。

卷鞘鸢尾 *Iris potaninii*

鸢尾科　Iridaceae
鸢尾属　*Iris*

【特征】多年生草本，高4～8厘米。基部宿存纤维状枯叶鞘，棕褐色或黄褐色，干后卷曲。须根多数，近肉质，黄白色。根状茎木质，块状，缩短。花茎极短，不伸出地面，内含1～2花，苞片2，膜质，狭披针形。叶基生，条形，直立，互相套叠。花黄色，2轮排列，花被管下部丝状，上部逐渐扩大成喇叭形，外花被裂片倒卵形，内花被裂片倒披针形；花药紫色，花柱黄色。蒴果具短喙，椭圆形，成熟时沿室背开裂。种子棕色，梨形。花期5—6月，果期7—9月。

【生境】生于海拔4100米以上的高山草甸、阴坡灌丛。

【用途】种子入药，有清热解毒、驱虫之效。

蓝花卷鞘鸢尾 *Iris zhaoana*

鸢尾科　Iridaceae
鸢尾属　*Iris*

【特征】与卷鞘鸢尾的区别：花被片及花柱为蓝色。

【生境】与卷鞘鸢尾相同。

【用途】种子入药，有清热解毒、驱虫之效。

大锐果鸢尾 *Iris cuniculiformis*

鸢尾科　Iridaceae
鸢尾属　*Iris*

【特征】多年生草本。根状茎短，棕褐色；须根细，质地柔嫩，黄白色，多分枝。叶柔软，黄绿色，条形，顶端钝，中脉不明显。花大，苞片2枚，膜质，绿色，略带淡红色，披针形，顶端向外反折，花蓝紫色，外花被裂片倒卵形，有深紫色斑点，中脉上的须毛状附属物基部白色，顶端黄色，内花被裂片狭椭圆形，顶端微凹，直立；花药黄色，花柱柱头三裂，花柱分枝花瓣状，蓝色。蒴果黄棕色，具喙，椭圆形；种子栗褐色，多面体形，花期5—6月，果期6—8月。

【生境】生于海拔4100米的山坡草地、林缘。

【用途】观赏价值。

天山鸢尾 *Iris loczyi*

鸢尾科　Iridaceae
鸢尾属　*Iris*

[特征] 多年生密丛草本。折断的老叶鞘宿存于根状茎上，棕色或棕褐色。地下生有不明显的木质、块状根状茎，暗棕褐色。叶质地坚韧，直立，狭条形，长20~40厘米，无明显中脉。花茎较短，基部包有披针形膜质鞘状叶；苞片3枚，草质，长10~15厘米，中脉明显，内包1~2花。花蓝紫色，花被管甚长，丝状，外花被裂片倒披针形或狭倒卵形，爪部略宽，内花被裂片倒披针形；花柱顶端裂片半圆形，子房纺锤形。花期5—6月，果期7—9月。

[生境] 生于海拔4100米的高山向阳草地。

[用途] 具园艺价值。

参考文献

Andrew T. Smith, 解焱. 中国兽类野外手册[M]. 长沙: 湖南教育出版社, 2009.

费梁, 叶昌媛, 江建平. 中国两栖动物及其分布彩色图鉴[M]. 成都: 四川科学技术出版社, 2012.

国家林业和草原局, 农业农村部.《国家重点保护野生动物名录》(2021年2月1日修订)[J]. 野生动物学报, 2021, 42(02): 605-640.

国家林业和草原局, 农业农村部. 国家林业和草原局 农业农村部公告[EB/OL]. (2021-09-07)[2024-07-10]. https://www.gov.cn/zhengce/zhengceku/2021/09/09/content_5636409.htm.

蒋志刚. 中国哺乳动物多样性及地理分布[M]. 北京: 科学出版社, 2015.

刘伟, 王溪. 青海脊椎动物种类与分布[M]. 西宁: 青海人民出版社, 2018.

刘阳, 陈水华. 中国鸟类观察手册[M]. 长沙: 湖南科学技术出版社, 2021.

卢欣. 中国青藏高原鸟类[M]. 长沙: 湖南科学技术出版社, 2018.

卢学峰, 张胜邦. 青海野生药用植物[M]. 西宁: 青海民族出版社, 2012.

聂延秋. 中国鸟类识别手册(第二版)[M]. 北京: 中国林业出版社, 2018.

青海植物志编纂委员会等. 青海植物志(1~4卷)[M]. 西宁: 青海人民出版社, 1996.

史静耸. 常见两栖动物野外识别手册[M]. 重庆: 重庆大学出版社, 2020.

约翰·马敬能. 中国鸟类野外手册(马敬能新编版)[M]. 北京: 商务印书馆, 2022.

赵欣如. 中国鸟类图鉴[M]. 北京: 商务印书馆, 2018.

郑光美. 中国鸟类分类与分布名录(第四版)[M]. 北京: 科学出版社, 2023.

中国科学院动物研究所生物多样性信息学研究组. 中国动物主题数据库[DB/OL]. [2024-07-10]. http://zoology.especies.cn/.

中国科学院植物研究所. iPlant. cn 植物智——中国植物+物种信息系统[DB/OL]. [2024-07-10]. https://www.iplant.cn/.

中国科学院中国植物志编辑委员会. 中国植物志[M]. 北京: 科学出版社. 2004.

周华坤, 任飞, 霍青. 青海省海南藏族自治州维管植物图谱(上下卷)[M]. 北京: 科学出版社, 2020.

IUCN. The IUCN Red List of Threatened Species: Version 2024–1[DB/OL]. [10-07-2024] https://www.iucnredlist.org.

中文名索引

动物

B

白唇鹿	011
白顶溪鸲	111
白骨顶	039
白鹡鸰	122
白鹭	068
白眉山雀	088
白尾鹞	073
白眼潜鸭	030
白腰杓鹬	051
白腰草鹬	054
白腰雪雀	119
斑头雁	019
北红尾鸲	109

C

苍鹭	066
草原雕	071
长嘴百灵	091
池鹭	064
赤膀鸭	022
赤狐	008
赤颈鹬	106
赤颈鸭	023
赤麻鸭	021
赤嘴潜鸭	028
川西鼠兔	004

D

大鵟	075
大白鹭	067
大杜鹃	038
大山雀	090
大朱雀	126
戴胜	078
淡色沙燕	095
地山雀	089
雕鸮	076
渡鸦	087

F

反嘴鹬	043
凤头䴙䴘	034
凤头麦鸡	044
凤头潜鸭	031

G

高山岭雀	124
高山兀鹫	070
高原林蛙	015
高原山鹑	018
高原鼠兔	003

H

河乌	102
褐翅雪雀	118
褐岩鹨	114

黑鹳	062	**L**	
黑喉红尾鸲	108	狼	006
黑喉石䳭	112	猎隼	082
黑颈䴙䴘	035	林岭雀	123
黑颈鹤	041	林柳莺	098
黑尾塍鹬	050	林鹬	055
黑鸢	074	绿翅鸭	026
红翅旋壁雀	101	绿头鸭	024
红腹红尾鸲	110		
红脚鹬	052	**M**	
红隼	080	麻雀	115
红头潜鸭	029	蒙古沙鸻	048
红嘴鸥	059		
红嘴山鸦	086	**N**	
胡兀鹫	069	拟大朱雀	125
花彩雀莺	100	牛背鹭	065
环颈鸻	047		
鹮嘴鹬	042	**O**	
黄腹柳莺	099	欧亚水獭	009
黄头鹡鸰	121		
黄嘴朱顶雀	127	**P**	
灰斑鸠	037	琵嘴鸭	027
灰背伯劳	083	普通翠鸟	079
灰鹤	040	普通鸬鹚	063
灰椋鸟	103	普通秋沙鸭	033
灰眉岩鹀	128	普通燕鸥	061
灰尾兔	005		
		Q	
J		翘鼻麻鸭	020
矶鹬	056	青藏楔尾伯劳	084
角百灵	094	青脚滨鹬	057
金雕	072	青脚鹬	053
金鸻	045	鸲岩鹛	113
金眶鸻	046	鹊鸭	032

315

S
扇尾沙锥 049
石雀 116

W
倭蛙 016

X
西藏齿突蟾 014
喜马拉雅旱獭 002
喜鹊 085
香鼬 010
小云雀 093

Y
亚洲短趾百灵 092
烟腹毛脚燕 097
岩鸽 036
岩燕 096
岩羊 013
燕隼 081
渔鸥 060

Z
藏狐 007
藏雪鸡 017
藏雪雀 117
藏原羚 012
赭红尾鸲 107
针尾鸭 025
紫翅椋鸟 104
棕背黑头鸫 105
棕颈雪雀 120
棕头鸥 058

纵纹腹小鸮 077

植物
A
阿尔泰狗娃花 273
阿拉善马先蒿 261
矮金莲花 179
矮生忍冬 270

B
白苞筋骨草 243
白花枝子花 246
白蓝翠雀花 183
斑花黄堇 197
苞芽粉报春 175
宝盖草 249
篦齿眼子菜 303
萹蓄 140
冰岛蓼 133
播娘蒿 209

C
糙草 239
糙果紫堇 198
长叶火绒草 277
橙舌狗舌草 285
重齿风毛菊 296
重冠紫菀 276
臭蒿 283
川西小黄菊 281
垂果大蒜芥 207
刺瓣绿绒蒿 194
刺芒龙胆 228

D

大锐果鸢尾	311
垫状点地梅	172
叠裂黄堇	196
叠裂银莲花	187
钉柱委陵菜	219
独行菜	200
独一味	248
短柄龙胆	223
短穗兔耳草	253
钝苞雪莲	291
多刺绿绒蒿	193
多裂委陵菜	220
多枝黄芪	152

F

繁缕	147

G

甘青大戟	160
甘青老鹳草	158
甘肃马先蒿	258
甘肃雪灵芝	146
高山豆	154
高山绣线菊	214
高原点地梅	173
高原毛茛	189
高原荨麻	131
葛缕子	168
管状长花马先蒿	266

H

海韭菜	302
海乳草	169
褐毛垂头菊	288
黑边假龙胆	233
红柄雪莲	292
红紫桂竹香	206
喉毛花	231
花葶驴蹄草	178
华马先蒿	264
黄花蒿	284
黄花棘豆	155
黄帚橐吾	287

J

鸡冠茶	216
鸡娃草	150
荠	202
金露梅	217
卷鞘鸢尾	309
蕨麻	218

K

空桶参	299
葵花大蓟	290

L

蓝白龙胆	229
蓝侧金盏花	188
蓝翠雀花	184
蓝花荆芥	247
蓝花卷鞘鸢尾	310
狼毒	221
肋柱花	235
狸藻	268
藜	145
镰萼喉毛花	232

镰荚棘豆	156	青藏龙胆	225
镰叶韭	307	青藏马先蒿	265
裂叶大瓣芹	166	青甘韭	308
鳞叶龙胆	226	青海刺参	271
铃铃香青	279		
瘤果滇藁本	167	**R**	
露蕊乌头	181	肉果草	250
卵果大黄	138	乳白香青	280
轮叶马先蒿	257	弱小火绒草	278
M		**S**	
麻花艽	222	三角叶荨麻	132
马尿脬	237	三脉梅花草	163
毛颏马先蒿	256	山地虎耳草	213
毛莓草	215	山莨菪	236
锚刺果	240	山生柳	130
美丽风毛菊	295	杉叶藻	251
密花翠雀花	182	深裂蒲公英	298
密花香薷	244	狮牙草状风毛菊	297
密生波罗花	267	湿生扁蕾	230
		疏齿银莲花	186
N		束花报春	177
拟耧斗菜	185	双花堇菜	161
黏毛鼠尾草	245	水马齿	252
		水麦冬	301
P		水毛茛	191
披针叶野决明	151	碎米蕨叶马先蒿	259
平车前	254	穗序大黄	137
平卧轴藜	143	穗状狐尾藻	165
Q		**T**	
茄参	238	太白山葱	305
琴盔马先蒿	262	唐古红景天	210
青藏大戟	159	天蓝韭	306

中文名索引

天山报春 176
天山千里光 286
天山鸢尾 312
铁棒锤 180
头花独行菜 199
团花马先蒿 263

W
微孔草 242
萎软紫菀 274
无茎黄鹌菜 300

X
西伯利亚蓼 134
西藏堇菜 162
西藏微孔草 241
菥蓂 201
锡金岩黄芪 157
喜马拉雅沙参 272
细果角茴香 195
细裂亚菊 282
细叶西伯利亚蓼 135
细蝇子草 149
狭萼报春 174
线叶龙胆 224
腺毛蝇子草 148
腺异蕊芥 205
小大黄 136
小点地梅 171

小果滨藜 144
斜茎黄芪 153
星状雪兔子 293

Y
鸦跖花 192
岩生忍冬 269
异色风毛菊 294
蚓果芥 208
隐匿景天 211
羽叶点地梅 170
玉树虎耳草 212
圆穗蓼 142
云南紫菀 275
云生毛茛 190

Z
藏荠 203
藏蓟 289
藏玄参 255
展苞灯芯草 304
沼生柳叶菜 164
针叶龙胆 227
皱叶酸模 139
珠芽蓼 141
紫斑碎米蕨叶马先蒿 260
紫红假龙胆 234
紫花碎米荠 204

319

学名索引

动物

A
Actitis hypoleucos ······ 056
Aladala cheleensis ······ 092
Alauda gulgula ······ 093
Alcedo atthis ······ 079
Anas acuta ······ 025
Anas crecca ······ 026
Anas platyrhynchos ······ 024
Anser indicus ······ 019
Aquila chrysaetos ······ 072
Aquila nipalensis ······ 071
Ardea alba ······ 067
Ardea cinerea ······ 066
Ardeola bacchus ······ 064
Athene noctua ······ 077
Aythya ferina ······ 029
Aythya fuligula ······ 031
Aythya nyroca ······ 030

B
Bubo bubo ······ 076
Bubulcus coromandus ······ 065
Bucephala clangula ······ 032
Buteo hemilasius ······ 075

C
Calidris temminckii ······ 057
Canis lupus ······ 006
Carpodacus rubicilla ······ 126
Carpodacus rubicilloides ······ 125
Charadrius alexandrinus ······ 047
Charadrius dubius ······ 046
Charadrius mongolus ······ 048
Chroicocephalus brunnicephalus ······ 058
Chroicocephalus ridibundus ······ 059
Ciconia nigra ······ 062
Cinclus cinclus ······ 102
Circus cyaneus ······ 073
Columba rupestris ······ 036
Corvus corax ······ 087
Cuculus canorus ······ 038

D
Delichon dasypus ······ 097

E
Egretta garzetta ······ 068
Emberiza godlewskii ······ 128
Eremophila alpestris ······ 094

F
Falco cherrug ······ 082
Falco subbuteo ······ 081
Falco tinnunculus ······ 080
Fulica atra ······ 039

G

Gallinago gallinago ·········· 049
Grus grus ·········· 040
Grus nigricollis ·········· 041
Gypaetus barbatus ·········· 069
Gyps himalayensis ·········· 070

I

Ibidorhyncha struthersii ·········· 042
Ichthyaetus ichthyaetus ·········· 060

L

Lanius giganteus ·········· 084
Lanius tephronotus ·········· 083
Leptopoecile sophiae ·········· 100
Lepus oiostolus ·········· 005
Leucosticte brandti ·········· 124
Leucosticte nemoricola ·········· 123
Limosa limosa ·········· 050
Linaria flavirostris ·········· 127
Lutra lutra ·········· 009

M

Mareca penelope ·········· 023
Mareca strepera ·········· 022
Marmota himalayana ·········· 002
Melanocorypha maxima ·········· 091
Mergus merganser ·········· 033
Milvus migrans ·········· 074
Montifringilla adamsi ·········· 118
Montifringilla henrici ·········· 117
Motacilla alba ·········· 122
Motacilla citreola ·········· 121
Mustela altaica ·········· 010

N

Nanorana pleskei ·········· 016
Netta rufina ·········· 028
Numenius arquata ·········· 051

O

Ochotona curzoniae ·········· 003
Ochotona gloveri ·········· 004
Onychostruthus taczanowskii ·········· 119

P

Parus minor ·········· 090
Passer montanus ·········· 115
Perdix hodgsoniae ·········· 018
Petronia petronia ·········· 116
Phalacrocorax carbo ·········· 063
Phoenicurus auroreus ·········· 109
Phoenicurus erythrogastrus ·········· 110
Phoenicurus hodgsoni ·········· 108
Phoenicurus leucocephalus ·········· 111
Phoenicurus ochruros ·········· 107
Phylloscopus affinis ·········· 099
Phylloscopus sibilatrix ·········· 098
Pica serica ·········· 085
Pluvialis fulva ·········· 045
Podiceps cristatus ·········· 034
Podiceps nigricollis ·········· 035
Poecile superciliosus ·········· 088
Procapra picticaudata ·········· 012
Prunella fulvescens ·········· 114
Prunella rubeculoides ·········· 113
Przewalskium albirostris ·········· 011
Pseudois nayaur ·········· 013
Pseudopodoces humilis ·········· 089

321

Ptyonoprogne rupestris 096
Pyrgilauda ruficollis 120
Pyrrhocorax pyrrhocorax 086

R
Rana kukunoris 015
Recurvirostra avosetta 043
Riparia diluta 095

S
Saxicola maurus 112
Scutiger boulengeri 014
Spatula clypeate 027
Spodiopsar cineraceus 103
Sterna hirundo 061
Streptopelia decaocto 037
Sturnus vulgaris 104

T
Tadorna ferruginea 021
Tadorna tadorna 020
Tetraogallus tibetanus 017
Tichodroma muraria 101
Tringa glareola 055
Tringa nebularia 053
Tringa ochropus 054
Tringa totanus 052
Turdus kessleri 105
Turdus ruficollis 106

U
Upupa epops 078

V
Vanellus vanellus 044
Vulpes ferrilata 007
Vulpes vulpes 008

植物
A
Aconitum pendulum 180
Actinocarya tibetica 240
Adenophora himalayana 272
Adonis coerulea 188
Ajania przewalskii 282
Ajuga lupulina 243
Allium carolinianum 307
Allium cyaneum 306
Allium prattii 305
Allium przewalskianum 308
Anaphalis hancockii 279
Anaphalis lactea 280
Androsace gmelinii 171
Androsace tapete 172
Androsace zambalensis 173
Anemone geum subsp. *ovalifolia* 186
Anemone imbricata 187
Anisodus tanguticus 236
Argentina anserina 218
Artemisia annua 284
Artemisia hedinii 283
Asperugo procumbens 239
Aster altaicus 273
Aster diplostephioides 276
Aster flaccidus 274
Aster yunnanensis 275
Astragalus laxmannii 153

A

Astragalus polycladus ·········· 152
Axyris prostrata ·········· 143

B

Bistorta macrophylla ·········· 142
Bistorta vivipara ·········· 141
Braya humilis ·········· 208

C

Callitriche palustris ·········· 252
Caltha scaposa ·········· 178
Capsella bursa-pastoris ·········· 202
Cardamine tangutorum ·········· 204
Carum carvi ·········· 168
Chenopodium album ·········· 145
Cirsium arvense var. *alpestre* ·········· 289
Cirsium souliei ·········· 290
Comastoma falcatum ·········· 232
Comastoma pulmonarium ·········· 231
Corydalis conspersa ·········· 197
Corydalis dasyptera ·········· 196
Corydalis trachycarpa ·········· 198
Cremanthodium brunneopilosum ·········· 288

D

Dasiphora fruticosa ·········· 217
Delphinium albocoeruleum ·········· 183
Delphinium caeruleum ·········· 184
Delphinium densiflorum ·········· 182
Descurainia sophia ·········· 209
Dontostemon glandulosus ·········· 205
Dracocephalum heterophyllum ·········· 246

E

Elsholtzia densa ·········· 244
Epilobium palustre ·········· 164
Eremogone kansuensis ·········· 146
Erysimum roseum ·········· 206
Euphorbia altotibetica ·········· 159
Euphorbia micractina ·········· 160

G

Gentiana aristata ·········· 228
Gentiana futtereri ·········· 225
Gentiana heleonastes ·········· 227
Gentiana lawrencei var. *farreri* ·········· 224
Gentiana leucomelaena ·········· 229
Gentiana squarrosa ·········· 226
Gentiana stipitata ·········· 223
Gentiana straminea ·········· 222
Gentianella arenaria ·········· 234
Gentianella azurea ·········· 233
Gentianopsis paludosa ·········· 230
Geranium pylzowianum ·········· 158
Gymnaconitum gymnandrum ·········· 181

H

Hedysarum sikkimense ·········· 157
Hippuris vulgaris ·········· 251
Hymenidium wrightianum ·········· 167
Hypecoum leptocarpum ·········· 195
Incarvillea compacta ·········· 267

I

Iris cuniculiformis ·········· 311
Iris loczyi ·········· 312
Iris potaninii ·········· 309

Iris zhaoana ················ 310

J

Juncus thomsonii ············ 304

K

Knorringia sibirica subsp. *thomsonii* ················ 135
Knorringia sibirica ·········· 134
Koenigia islandica ··········· 133

L

Lagotis brachystachya ······· 253
Lamium amplexicaule ········ 249
Lancea tibetica ·············· 250
Leontopodium junpeianum ····· 277
Leontopodium pusillum ······· 278
Lepidium apetalum ·········· 200
Lepidium capitatum ·········· 199
Ligularia virgaurea ··········· 287
Lomatogonium carinthiacum ··· 235
Lonicera rupicola var. *minuta* ··· 270
Lonicera rupicola ············ 269
Lysimachia maritima ·········· 169

M

Mandragora caulescens ······· 238
Meconopsis horrida ·········· 193
Meconopsis racemosa var. *spinulifera* ················ 194
Microgynoecium tibeticum ······ 144
Microula sikkimensis ·········· 242
Microula tibetica ············· 241
Morina kokonorica ············ 271

Myriophyllum spicatum ········ 165

N

Nepeta coerulescens ·········· 247

O

Oreosolen wattii ············· 255
Oxygraphis Kamchatica ······· 192
Oxytropis falcata ············ 156
Oxytropis ochrocephala ······· 155

P

Paraquilegia microphylla ······ 185
Parnassia trinervis ············ 163
Pedicularis alaschanica ········ 261
Pedicularis cheilanthifolia subsp. *svenhedinii* ················ 260
Pedicularis cheilanthifolia ····· 259
Pedicularis kansuensis ········ 258
Pedicularis lasiophrys ········· 256
Pedicularis longiflora var. *tubiformis* ················ 266
Pedicularis lyrata ············· 262
Pedicularis oederi var. *sinensis* ····· 264
Pedicularis przewalskii ········ 265
Pedicularis sphaerantha ········ 263
Pedicularis verticillata ········· 257
Phlomoides rotata ············· 248
Plantago depressa ············ 254
Plumbagella micrantha ········ 150
Polygonum aviculare ··········· 140
Pomatosace filicula ············ 170
Potentilla multifida ············ 220
Potentilla saundersiana ········ 219

Primula fasciculata ·················· 177
Primula gemmifera ·················· 175
Primula nutans ······················ 176
Primula stenocalyx ·················· 174
Przewalskia tangutica ··············· 237

R

Ranunculus bungei ··················· 191
Ranunculus nephelogenes ············ 190
Ranunculus tanguticus ··············· 189
Rheum moorcroftianum ·············· 138
Rheum pumilum ····················· 136
Rheum spiciforme ··················· 137
Rhodiola tangutica ·················· 210
Rumex crispus ······················ 139

S

Salix oritrepha ······················ 130
Salvia roborowskii ·················· 245
Saussurea brunneopilosa ············ 294
Saussurea erubescens ················ 292
Saussurea katochaete ················ 296
Saussurea leontodontoides ··········· 297
Saussurea nigrescens ················ 291
Saussurea pulchra ··················· 295
Saussurea stella ····················· 293
Saxifraga sinomontana ··············· 213
Saxifraga yushuensis ················ 212
Sedum celatum ······················ 211
Semenovia malcolmii ················ 166
Senecio thianschanicus ·············· 286
Sibbaldianthe adpressa ·············· 215
Sibbaldianthe bifurca ················ 216

Silene gracilicaulis ·················· 149
Silene yetii ·························· 148
Sisymbrium heteromallum ··········· 207
Smelowskia tibetica ················· 203
Soroseris erysimoides ················ 299
Spiraea alpina ······················· 214
Stellaria media ······················ 147
Stellera chamaejasme ················ 221
Stuckenia pectinata ·················· 303

T

Tanacetum tatsiense ················· 281
Taraxacum scariosum ················ 298
Tephroseris rufa ····················· 285
Thermopsis lanceolata ··············· 151
Thlaspi arvense ····················· 201
Tibetia himalaica ···················· 154
Triglochin maritima ················· 302
Triglochin palustris ·················· 301
Trollius farreri ······················ 179

U

Urtica hyperborea ··················· 131
Urtica triangularis ··················· 132
Utricularia vulgaris ·················· 268

V

Viola biflora ························· 161
Viola kunawarensis ·················· 162

Y

Youngia simulatrix ·················· 300